基礎講義 **遺伝子工学 I**

アクティブラーニングにも対応

山 岸 明 彦 著

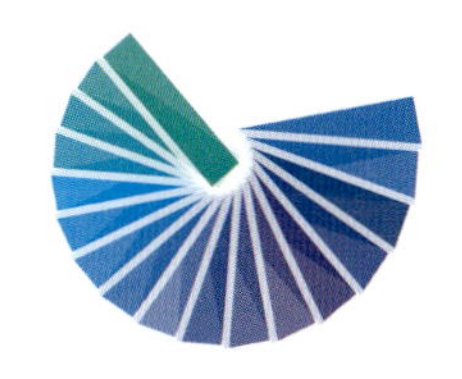

東京化学同人

序

本書は，大学 2 年生か 3 年生で遺伝子工学を学習することを想定した教科書である．本書を読むまでに分子遺伝学を学習していることを前提として，読者が実際に遺伝子操作を行うために必要な事項を網羅した．本書の知識があれば，遺伝子工学に関連したさまざまな場面で読者は困らないはずである．

本書は，生命科学やその関連分野，農学，工学，医学，薬学，看護学等の教科書としての利用を想定している．続編の“遺伝子工学 II”では，その実験を読者が実施しないかもしれないが，さまざまな生命関係の講義，学会，論文等に出てくる実験を理解できるようになることを目指している．実際に遺伝子操作を行う場面では，英語の用語を会話に用いることも多いので，英語が日常的に使われる用語に関しては英語を付記するようにした．

各章の最初のページでは，章の概要，重要な語句，行動目標を掲げた．行動目標を学習者が達成したかどうかを，各章末の演習問題で確認できるようになっている．読者は必ず演習問題を解いてみてほしい．

この本のもう一つの特徴は，各章の講義ビデオを提供している点である（この講義ビデオは東京化学同人のホームページから閲覧できる）．講義ビデオでは，本書を読む以上の情報がカラー図版と解説から入手できるようにしてある．独学で学習する場合にも大きな助けとなるはずである．

本書は単独でもわかりやすい教科書として編集したが，アクティブラーニング，なかでもリバースラーニング形式で講義を行う場合に教育効果が最大となる．リバースラーニングという教育手法では，受講生はその章の講義ビデオをあらかじめ視聴してから授業に参加する．教師は授業で解説を行わず，演習に時間をあてる．演習の形式は受講者数などによりさまざまである．多人数の場合には，一人一人が演習問題を解くという形式でもよいし，二，三人から数人のグループで話し合いながら解く形式でもよいだろう．正解の確認は，受講者の何人か，たとえばグループの代表が黒板で解答してもよいし，教師が板書あるいは口頭で模範解答を伝えてもよい．あるいは，解答を提出させて，教師が添削してもよいだろう．成績評価は，これらの解答の評定から，あるいは期末テストとして演習問題や関連問題を出して行うことができる．

本書は大学1学期の講義回数に合うように15章とした．ただし，第15章は時間の関係で省いても差し支えない．筆者は1回目で第1章とともに“学生諸君へ―大学で何を学ぶか”に述べた科学観を講義しているが，各教師の科学哲学でその内容に変えるのもよいと思う．

本書の執筆にあたっては，東京化学同人の井野未央子氏に多大なる貢献を頂いた．わかりにくい点や不正確な点の指摘をはじめ，本書の大変見やすい図や構成は井野氏の功績である．しかし，まだわかりにくい点や不正確な点があれば責任はすべて筆者に帰する．本書が遺伝子工学の講義，とりわけリバースラーニング導入の一助になることを期待する．

2017年7月

山　岸　明　彦

本書付属の講義ビデオは東京化学同人ホームページ(http://www.tkd-pbl.com/)より閲覧できます．閲覧方法については巻末 p.171 をご覧ください．講義ビデオのダウンロードは購入者本人に限ります．

学生諸君へ — 大学で何を学ぶか

科学と技術の密接な関係

現代は生命科学の時代といわれているが，少し歴史を遡ってみよう．18世紀後半に始まった産業革命，蒸気機関の発明が熱力学の発展と結びついていたことはよく知られている．その後19世紀には機械技術が急速に発展した．20世紀は物理学の時代といわれている．電燈や電信に始まる電気の利用が電磁気学の誕生につながった．20世紀前半には電磁気学や量子力学，相対性理論など，現在物理学の基礎をつくる理論が発展した．20世紀後半，それらは情報技術の基礎となる半導体技術を生み出した．21世紀に入って，情報化は急速に進展している．こうした歴史をみると，技術の発明が科学の誕生を促し，科学の発展と体系化が技術発展の基礎となる，科学と技術の密接な関係がわかる．

20世紀前半までの生物学は，博物学の時代であった．生物学は動物学，植物学に分かれ，さまざまな生き物の構造や発生を観察して記載し，分類することが学問の中心であった．1952年，ハーシーとチェイスは遺伝子の本体を探る実験を行った．ファージはタンパク質と核酸だけからできている．そのどちらが遺伝子なのか？DNAを放射性のリンで標識し，タンパク質を放射性の硫黄で標識した．ファージを感染させた直後に，リンは大腸菌の細胞の中に確認され，タンパク質は細胞外殻に確認された．感染直後に細胞外殻のタンパク質を取除いてもファージの増殖が進むことから，遺伝子の本体が核酸DNAであることがわかった．1953年にはワトソンとクリックによってDNAの二重らせん構造の論文が発表された．その後，遺伝暗号をはじめとする遺伝の仕組みがつぎつぎと解明され，1970年代には遺伝子クローニングの時代が始まった．1990年代はPCRの時代，2000年代はゲノムの時代になった．こうして生命科学と遺伝子操作技術の急速な進歩がひき起こされた．21世紀は遺伝子操作技術の発展に裏づけられた生命科学の時代といわれている．

研究の三つの要素

生命科学の発展は研究によってもたらされた．“研究”とは何だろうか．研究にとって何が大事なのか．研究で大事な点は，他のさまざまな仕事で大事な点とも共通している．

大学の教員は学生諸君の授業や実験指導を行うが，それ以外の時間の大部分は研究室で研究を行っている．学生諸君も小学校でアサガオの観察をしたことがあると思う．夏休みに自由研究を行った諸君もいるだろう．大学での研究は少し違う．

大学に限らず研究機関での研究では“今わかっていること”がまず重要となる．“今わかっていること”とは，学生諸君がわかっていることでも，教員がわかっていることでもない．世界の研究者の誰かが知っていて，それが論文などで発表されていれば，それは“今わかっていること”と見なされる．研究者は自分の研究分野で“今わかっていること”をすべて知っていることが要求される．学生諸君が教員に何か質問をしたとき，教員から“それはまだわかっていません”という答えが戻ってくるかもしれない．それこそ，“今わかっていること”を理解して初めて言える言葉である．“今わかっていること”が研究で重要なことの1番目である．

しかし，“今わかっていること”を理解していれば十分かというと，そうではない．研究者は“今わかっていないこと”も理解している必要がある．研究では“今わかってないこと”を解明することが求められる．“今わかっていること”を理解しただけでは，解説者にはなれるが研究者にはなれない．“今わかっていないこと”は，実はどのような仕事でも重要である．どのような仕事でも，たとえば“売り上げを上げる”，“販路を開拓する”，“新製品を開発する”等の未解決の課題がある．これらの課題の正解を誰も知らない．しかも，そこで最も重要なことは何が問題か，何を解決することが最も重要かを見つけ出すことである．価格が問題なのか，品質が問題なのか，包装が問題なのか，宣伝が問題なのか，しばしば“何が問題か”が最大の問題となる．そういう意味で，“今わかっていないこと”が研究で2番目に重要なことである．

3番目に，それを“どう解決するか”，問題を解決するための技術が重要である．毎年ノーベル賞が発表される．これまで多くのノーベル賞が授与されているが，その中のいくつもが技術的発明に与えられた．たとえば，F. サンガーは2回のノーベル賞受賞に輝いている．サンガーはまずタンパク質のアミノ酸配列（一次構造）を読み解く方法を発明してノーベル賞を受賞した．その後，DNA 配列を読み解く方法の開発競争が起こった．マクサムとギルバートは DNA 配列解読法を発明し，サンガーは先を越された．しかし，サンガーは別の DNA 配列解読法を発明し，2度目のノーベル賞を受賞した．サンガーの2回のノーベル賞は，どちらも発明に対して与えられた．これは技術的発明であって科学的発見ではない．しかし，アミノ酸や塩基の配列を解読するサンガーの技術は，その後の生命科学の発展に大きな寄与をした．サンガーの2回のノーベル賞受賞は，技術の開発がその後の生命科学の発展にいかに大きな寄与をしたかを評価された受賞である．“どう解決するか”という技術が3番目に重要な事柄である．

“何かがわからない”ということがわかっただけでは発見に結びつかない．わからないことを解明する技術があって初めて発見に至る．科学的発見がやがて技術的発展を導き，技術によって多くの知識の解明に至るという歴史を，物理学の時代から生命科学の時代に至るまで見ることができる．“今わかっていること”を知り，“今わかっていないこと”を判断し，それを“解決するための技術”を開発することが研究の三つの要素といえる．これは研究に限らず，さまざまな仕事で共通している．遺伝子工学で学習する内容は，“問題を解決するための技術”である．

大学で何を学ぶか

大学の科学教育では，人類に蓄積された知識を得ることはもちろんであるが，それだけでは不十分である．現代社会は，知識を人間の脳の外，外部記憶に保存する時代になっている．単なる知識であれば，インターネット検索で瞬時に入手することができる．もちろん人間は単なる知識よりも，もう少し複雑な活動をしている．しかし人工知能の急速な進展によって，単純作業はもちろん，会計士など，これまで知的職業と思われていた仕事もやがて人工知能に置き換えられると予想されている．今の若者には，単なる知識にとどまらない知識の体系の理解と，それを駆使して課題を解決する能力が求められている．

また，技術の絶え間ない急速な進歩も，現代社会の特徴である．昔，手回し電話機があったことを知っているのは60歳以上の年配者に限られる．学生諸君は黒電話をテレビや映画以外で見たことはないと思う．携帯電話は高機能化し，今後もさまざまな技術的発展が続くであろう．

生命科学の分野も例外ではない．1950年代は酵素の時代であった．生物から新しい酵素を発見してその性質を調べることが研究の中心であった．1970年代，遺伝子をクローニングして調べることが研究の中心に代わった．2000年代，遺伝子一つではなく，生物のもつゲノム全体を解読することが普通の研究となった．2010年代，遺伝子だけではなく細胞を調べる研究から，生物個体全体の機能を調べる研究へと発展を続けている．生命科学分野では絶え間ない技術の進歩が日々進んでいる．

現在最先端の技術も，10年後には誰もが普通に行う技術になる．20年後にはもう誰も重要視しない技術となるかもしれない．仮に最先端の知識と技術を大学で身につけたとしても，知識と技術は絶え間ない進歩と発展を続けていく．学生諸君は卒業後，それに自力でついていく必要がある．そのためには，知識を身につけるだけでは不十分である．知識の体系，科学の体系，科学的考え方を自らのものとしてほしい．

目　次

1 遺伝子工学とは何か

遺伝子工学とは，遺伝子の本体であるDNAを解析し改変する技術のことである．代表的な操作として，遺伝子クローニングがある．DNAを生物から取出して精製し，その中の特定のDNA領域を切出して大腸菌細胞中で複製・増幅させる．遺伝子工学ではさまざまな生物が対象となるが，どのような生物を対象とする場合でも，DNAを取扱う基本操作は大腸菌を宿主として行われる．本書では大腸菌を宿主とした遺伝子工学の基礎技術について解説する．

1・1 クローン

クローンという言葉をニュースで聞いたことはあるだろうか．クローンはアニメやSFにも出てくる．クローンとは何だろう．クローンとは“一つの細胞に由来する複数の生物個体”のことで，まったく同じ遺伝子，まったく同じDNA配列をもっている．

クローンというと何か特殊なものという印象を受けるかもしれないが，実は身近にたくさんある．一卵性双生児は一つの受精卵に由来して誕生するのでまったく同じ遺伝子，DNA配列をもち，生物学的にはクローンといってもよい．植物のクローンは数多くある．桜の代表種ソメイヨシノはすべて挿し木で増やされたので，全国すべてのソメイヨシノがクローンである．挿し木は，クローンを大量につくる昔ながらの技術である．しかし哺乳類のクローンをつくることは難しく，クローンを作製できる種はごく限られている．

多細胞生物に比べて，細菌のクローンははるかに容易に得られる．大腸菌は約20分に1回分裂する．一晩で30回分裂したとすると一つの細胞は2の30乗倍，約10億個の細胞になり，細胞の塊をつくる．寒天培地の上で，一つの細胞からできた細胞の塊はコロニーとよばれる（コロニーとはローマ時代の植民都市のことで，ヨーロッパがまだ森に覆われた時代，ローマ人が森の中に集まって住んでいた場所である）．細菌のコロニーは一つの細胞に由来し，コロニーの細胞はまったく同じ遺伝子組成をもっているのでクローンである．一晩で簡単に大腸菌クローンを得ることができるというのが遺伝子操作技術の基礎である．

1・2　遺伝子クローニング

生物のゲノム DNA は原核生物では百万文字（塩基対）程度，真核生物では十億文字（塩基対）程度の巨大な DNA 分子であり，そのまま取扱うことはできない．塩基対についてはあとで説明するので，ここではとても長い DNA 分子という理解でかまわない．遺伝子クローニング（図 1・1）では，

① まず DNA を生物の細胞から取出す．
② それを切断して千から一万塩基対程度の長さにする．これくらいの長さの DNA 断片は比較的容易に取扱うことができる．ゲノム DNA は，千種類から百万種類の異なった DNA 断片の混合物となる．

ついで，ゲノム DNA 断片をプラスミドと結合する．プラスミドは大腸菌内で自己増殖する環状 DNA である．

③ プラスミドを切断して，
④ ゲノム DNA 断片を結合すると，異なった多数の DNA を結合したプラスミドができあがる．
⑤ これを大腸菌細胞内に導入する．この際，大腸菌細胞に 1 個のプラスミドだけが入るようにする．
⑥ 大腸菌細胞を寒天培地上で一晩培養すると，1 細胞が増殖してコロニーをつくる．

それぞれのコロニーは 1 細胞に由来するので，1 種類の DNA 断片を結合したプラスミドをもっている．したがって，どのコロニーが目的遺伝子の DNA をもつかがわかれば，そのコロニーから大腸菌を大量に培養してプラスミドを回収する．こうして目的の遺伝子の DNA を大量に入手することができる．

この過程をクローニングとよぶ．これは，動植物のクローンとはかなり異なる．DNA のクローンを手に入れるので DNA クローニング，DNA は遺伝子なので遺伝子クローニング，あるいは DNA は分子なので分子クローニングとよぶこともある．それを実際どうやってやるのだろう．それが本書のテーマである．

1・3　遺伝子工学で何を学ぶか

遺伝子工学では，まず基礎的な考え方を理解することが重要である．基礎的考え方を理解することによって，将来における遺伝子工学の発展に対応できるようになる．遺伝子工学の基礎はクローニングであるが，クローニングのための基本的な道具である酵素類とベクター，それらの役割を理解しておけば，実際に利用する酵素やベクターが改良され変わっていっても対応できる．

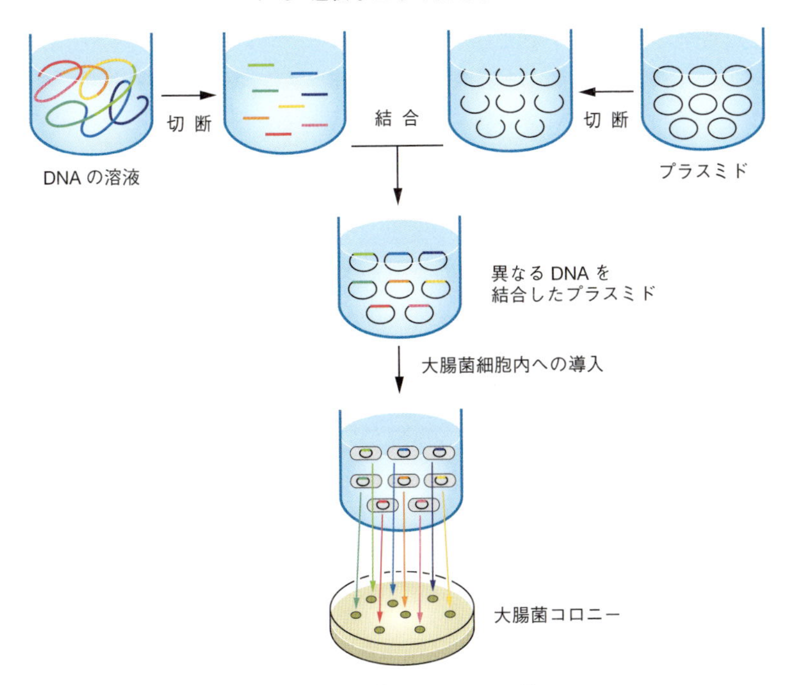

図1・1　遺伝子クローニング

遺伝子工学に限らず，多くの技術では，なぜその方法をとるのかという理由を理解することが重要である．失敗の多くは，理由を理解しないで，他人の方法をまねることから起こる．理由を知って理解すれば，その方法が適切かどうかの判断が可能になる．技術の基礎を知っていれば，問題が生じた場合の対処が可能になる．まず，基礎を理解してほしい．

遺伝子工学で重要な 2 番目の点は，多くの細かい雑多な知識である．遺伝子工学実験を始めると，たった一つの知識の不足によって，実験がうまくいかないという事態に遭遇する．これは，遺伝子工学が技術であることと，その技術が大変たくさんの操作を伴う技術であることによっている．

たとえばプラスミドを調製する場合を考えてみよう．その工程には多数の要素がある．どのようなプラスミドをどのような大腸菌で，どのような培地で増殖させるのか．プラスミドをどのような溶液でどのように調製するのか．そのときに，どのような容器と機械を用いるのか．調製したプラスミドはどのような溶液でどのような容器で，どのような温度で保存するのか．おそらくそこで必要とされる知識は

100をはるかに超えることになる．しかも，どの一つの知識がなかったとしても，“プラスミド調製がうまくいかない”という事態をまねいてしまう．

遺伝子工学では多くの細かい雑多な知識が重要である．しかしこれをすべて覚えている必要はない．個々の知識はインターネットで入手できる．しかし，インターネットの情報を理解する力をもち，どの情報が重要かを見分ける力が必要である．

遺伝子工学で重要な3点目は，いかに間違いを減らすかという“技術”である．遺伝子工学では操作の数が大変多い．たとえば一つの溶液を作製するだけでも，正しい組成を調べる，濃度の計算をする，書き写す，溶質を量りとる，溶解のための容器に入れる，水を量る，容器に入れる，撹拌する，保存容器に入れる，内容を記載するというように10の操作が必要である．一つの操作で間違う確率を1%としても10の操作を行うと10%の確率で操作ミスを犯すことになる．溶液中に溶かす溶質の種類が増えればそれだけミスも増える．プラスミドを大腸菌から調製するという操作でも，培地，プラスミドを調製するための溶液，それらに含まれる溶質が多数あることを考えると，一つの操作で1%の確率で間違いを犯す実験者は実験に失敗してしまう可能性が高い．

そこで，“間違いを減らす技術”が非常に重要になる．“注意する”のはもちろんであるが，操作ミスを防ぐためにたくさんの工夫が必要である．最も重要な“技術”として“保存溶液”という手法がある．遺伝子工学では，試薬溶液などを“保存溶液”として多めに作製して，それで実験がうまくいった場合には，その“保存溶液”を使い続けるという方法が採用されている．“保存溶液”を作製するまでには間違う可能性がある．しかし，いったんそれを使って実験がうまくいった場合，その“保存溶液”は“間違いのない保存溶液”であるということになる．こうして確かめられた“間違いのない保存溶液”を用いることで，間違う確率を格段に下げることができる．この点は遺伝子操作で非常によく理解されているため，あらかじめ反応を確かめた溶液の“キット”が販売されている．多くの工程を含む難しい操作の場合には，“間違いのない保存溶液”や“キット”をうまく利用するとよい．

さて，本書は遺伝子工学を学習する際の心構え，実際に遺伝子工学実験を行う場合の留意点も考慮して，学習者が実際に遺伝子工学実験を行うための知識と知恵を獲得するように構成されている．こうした“技術”や考え方は，遺伝子工学に限らない．社会の多くの仕事や分野で必要とされている．

2 遺伝子工学の遺伝学的基礎

概要　DNAの構造は，糖(デオキシリボース)とリン酸で構成される2本の主鎖がらせんをつくり，その間にアデニンとチミン，グアニンとシトシンの塩基対が階段状になっている．塩基と糖の結合は*N*-グリコシド結合，隣り合う糖の3′と5′をつなぐ結合はホスホジエステル結合とよばれる．DNAとRNAの糖はそれぞれデオキシリボースとリボースで，両者は2′が水素かヒドロキシ基かという違いがある．遺伝の仕組みによって，DNAの塩基配列はmRNAに転写され，タンパク質に翻訳され，タンパク質は立体構造をとって機能を発揮する．

重要語句　大きい溝，小さい溝，塩基，ヌクレオチド，*N*-グリコシド結合，ホスホジエステル結合，DNAポリメラーゼ，RNAポリメラーゼ，リボソーム，コドン，アンチコドン

行動目標
1. DNAの構造の特徴と重要な名称を説明できる．
2. dNTPの構造とDNA二本鎖の構造を描ける．
3. DNAの複製，転写，翻訳について説明できる．
4. 遺伝子の塩基配列を翻訳できる．

2・1 DNAの構造

DNAは糖（デオキシリボース）をリン酸がつないだ主鎖が二重らせんを形成し，その間に塩基対が階段状に重なっている（図2・1）．2本の主鎖の間隔は不均等で，幅の広い溝を**大きい溝**（主溝），狭い溝を**小さい溝**（副溝）とよぶ．

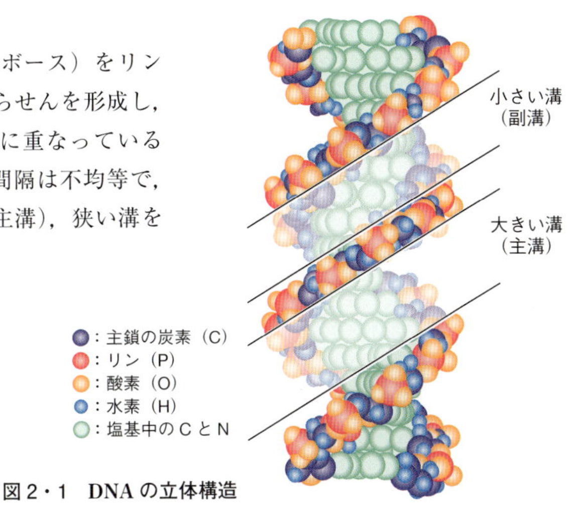

図2・1　DNAの立体構造

重なった塩基対を上から見ると図2・2のようになっている．**塩基**はアデニンとチミン，グアニンとシトシンがそれぞれ2本と3本の水素結合で結合している．グアニンとシトシンの塩基対はアデニンとチミンの塩基対よりも二重らせんを安定化する効果が大きい．塩基は図の斜め下方向で主鎖と結合している．主鎖の間隔が非対称なのは，塩基と主鎖の結合の方向が180°ではないことによっている．

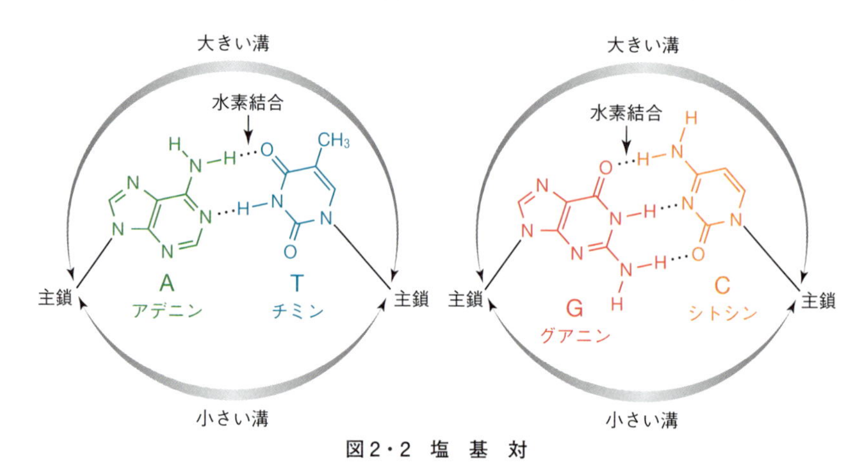

図2・2　塩　基　対

2・2　核酸の各部の名称

塩基は5種類あり，アデニン(A)とグアニン(G)はプリン骨格，シトシン(C)，DNAのチミン(T)，RNAのウラシル(U)はピリミジン骨格をもっている．プリン骨格，ピリミジン骨格の炭素原子と窒素原子には番号がつけられている（図2・3）．

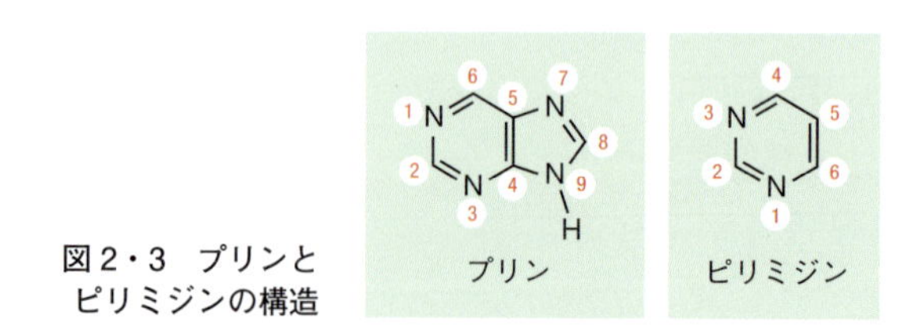

図2・3　プリンとピリミジンの構造

DNAとRNAの単量体はそれぞれ**デオキシリボヌクレオチド**，**リボヌクレオチド**とよばれる（図2・4）．両者を総称して**ヌクレオチド**とよぶ．リボヌクレオチドの五角形の部分は糖（リボース）で，炭素原子には番号がついている．塩基の原子と区別するため，番号にはダッシュ(′)をつける．1′には塩基が結合する．5′にはリン酸基が結合する．デオキシリボヌクレオチドの糖は**デオキシリボース**で，**リボース**

と比較すると2′がヒドロキシ基ではなく水素になっている．デオキシの“デ”は“ない”，“オキシ”は酸素で，“デオキシ”は酸素がないという意味である．

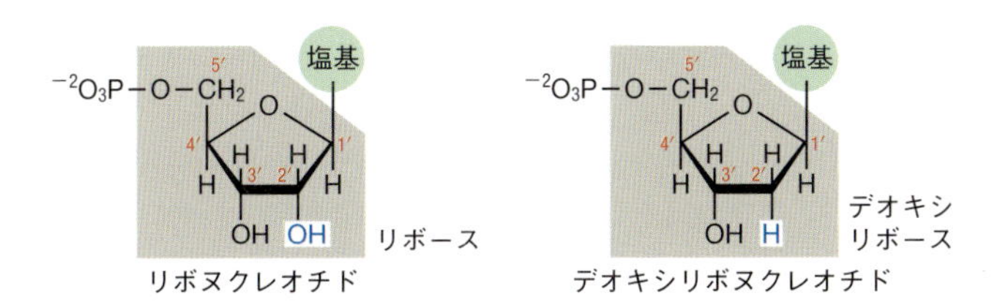

図2・4　リボヌクレオチドとデオキシリボヌクレオチド

塩基に糖がつくと**ヌクレオシド**とよび，それにリン酸基が一つ以上つくと**ヌクレオチド**とよぶ（図2・5a）．ヌクレオチドが一つだけであることを強調するときはモノヌクレオチドとよぶ（“モノ”はひとつを意味する）．塩基はA，G，C，T，Uのうちの一つで，塩基と糖との結合を***N*-グリコシド結合**とよぶ（“*N*”は塩基の窒素を表し，“グリコ”は糖を意味する）．リン酸基が5′に複数つく場合には，それぞれのリン酸基を内側からα，β，γ位のリン酸基とよぶ*．ポリヌクレオチドでは，

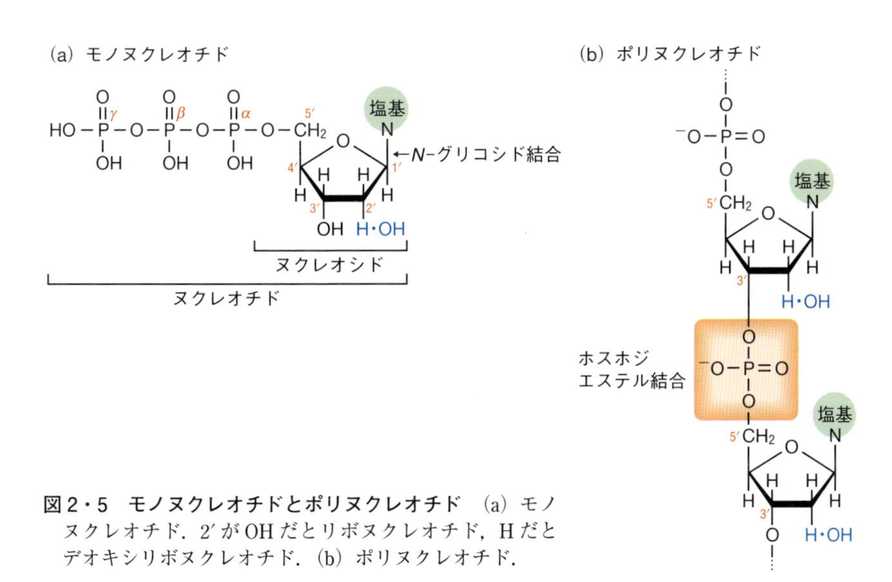

図2・5　モノヌクレオチドとポリヌクレオチド　(a) モノヌクレオチド．2′がOHだとリボヌクレオチド，Hだとデオキシリボヌクレオチド．(b) ポリヌクレオチド．

* 遺伝子工学でよく出てくるギリシャ文字の読み方：α（アルファ），β（ベータ），γ（ガンマ），θ（シータ），λ（ラムダ），ϕ（ファイ），ω（オメガ）

ヌクレオチドの3′と次のヌクレオチドの5′がリン酸基で結合する（図2・5b.“ポリ”は多数を意味する）．この結合を**ホスホジエステル結合**とよぶ（“ホスホ”はリン酸，“ジ”は二つ，リン酸エステルが二つという意味である）．リン酸基と3′-ヒドロキシ基とのエステル結合およびリン酸基と5′-ヒドロキシ基とのエステル結合がある．

図2・6にデオキシリボヌクレオチド8個が4個ずつホスホジエステル結合したDNA二本鎖を示す．左側の鎖を見ると，一番上のヌクレオチドでは5′が上の末端に，一番下のヌクレオチドでは3′が下の末端にきている．それぞれ**5′末端**，**3′末端**とよばれ，5′末端にはリン酸基が，3′末端にはOH基がある．この構造の違いは重要で，ポリヌクレオチドは5′から3′の方向に重合していく．右側の鎖は左側と逆方向に向いて対合している．

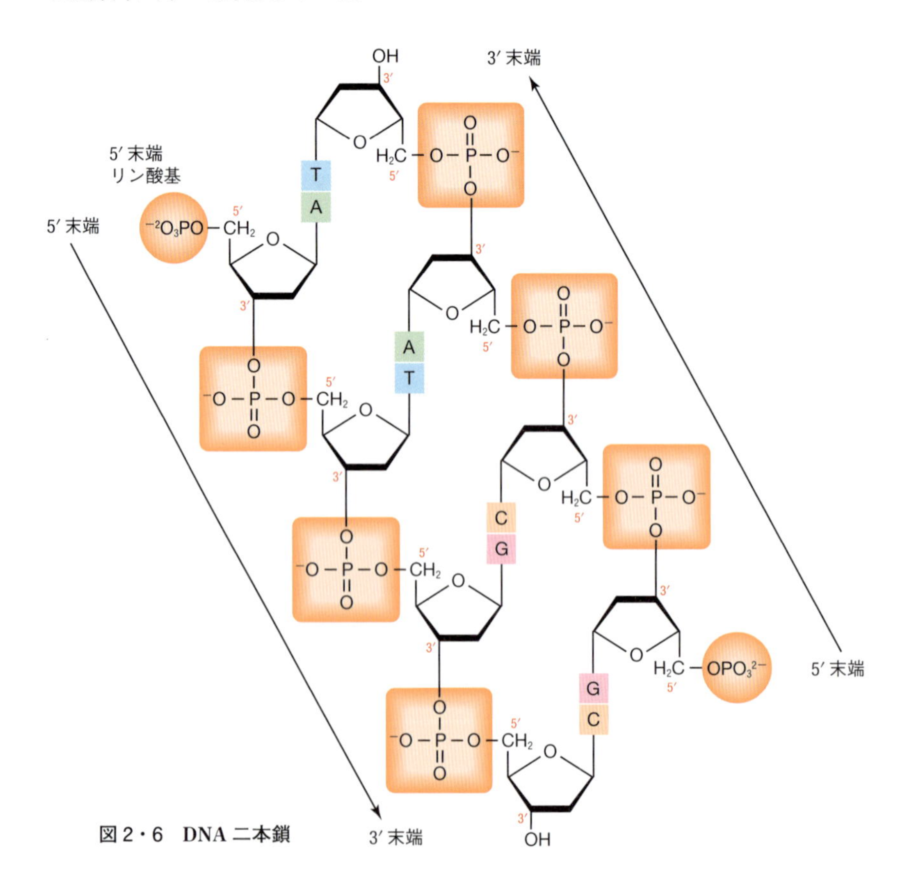

図2・6　DNA二本鎖

2・3 核酸の名称

表2・1の一番左の列は塩基の構造で，Xが水素の場合に塩基とよぶ．塩基のXにリボースがついた場合の名称がリボヌクレオシド，Xにデオキシリボースがつくとデオキシリボヌクレオシドとよぶ．たとえばアデニンは，アデノシン，デオキシアデノシンとなる．AGCUではリボースの場合が，Tではデオキシリボースの場合が書いてある．また，それぞれの省略形（三文字表記と一文字表記）も記載した．デオキシリボヌクレオシドの省略形には“d”をつける．チミンはふつうDNAなのでデオキシや“d”をつけないこともある．チミンのリボヌクレオシドはリボチ

表2・1 塩基とヌクレオシド，ヌクレオチドの名称

塩基の構造	塩基 （X＝H）	ヌクレオシド （X＝リボース）	ヌクレオチド （X＝リボースリン酸）
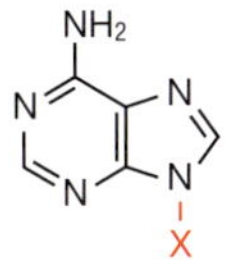	アデニン Ade A	アデノシン Ado A	アデニル酸 アデノシン一リン酸 AMP
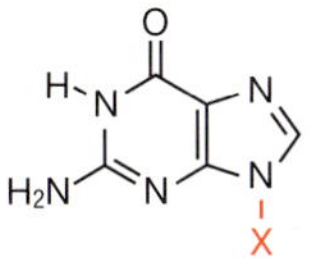	グアニン Gua G	グアノシン Guo G	グアニル酸 グアノシン一リン酸 GMP
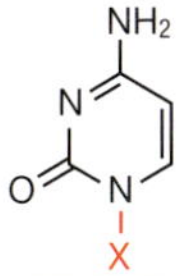	シトシン Cyt C	シチジン Cyd C	シチジル酸 シチジン一リン酸 CMP
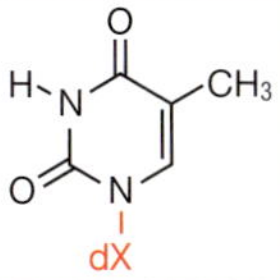	チミン Thy T	デオキシチミジン dThd T	デオキシチミジル酸 デオキシチミジン一リン酸 dTMP
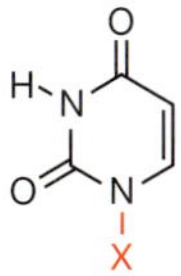	ウラシル Ura U	ウリジン Urd U	ウリジル酸 ウリジン一リン酸 UMP

ミジン(rT)とよぶ．Xがリボースリン酸だとヌクレオチドである．表2・1にはリン酸基が一つの場合の名称が記載してある．リン酸基が二つだとヌクレオシド二リン酸，リン酸基が三つだとヌクレオシド三リン酸となる．省略形はたとえばアデノシンの場合，ADP（アデノシン二リン酸），ATP（アデノシン三リン酸）となる．表2・2は塩基やヌクレオシドの一文字表記の略号の一覧表である．

表2・2　塩基の略号

略号	意　味	略号	意　味
A	A（Adenine アデニン）	W	A or T（Week 弱い塩基対）
G	G（Guanine グアニン）	S	C or G（Strong 強い塩基対）
C	C（Cytosine シトシン）	B	C or G or T（A ではないので次の B）
T	T（Thymine チミン）	D	A or G or T（C ではないので次の D）
U	U（Uracil ウラシル）	H	A or C or T（G ではないので次の H）
I	I（Inosine イノシン）	V	A or C or G（T ではない．U はあるので次の V）
R	A or G（puRine プリン）	N	A or C or G or T（aNy どの塩基でもよい）
Y	C or T（pYrimidine ピリミジン）		
M	A or C（aMino アミノ基が特徴）		
K	G or T（Keto ケト基が特徴）		

2・4　遺伝の仕組み

複製（図2・7a）では，まずDNA鎖がヘリカーゼによって2本に解離し，レプリソームが結合する．レプリソームはプライマーゼや**DNAポリメラーゼ**など複製関連タンパク質の複合体である．プライマーゼによって複製を始める足がかりとなるRNAプライマーが合成され（図には描いていない），DNAポリメラーゼによってDNA複製が進行する．親DNA鎖が解離している場所にはレプリソームが結合しており，複製フォークとよばれる．下側の鎖では，複製フォークが右に進行するとともに鎖が右方向（5′から3′）へ伸長するので，複製は継続して進行する．この鎖をリーディング鎖とよぶ．上側の鎖では，複製フォークと逆の方向(左)に複製が進行する．複製フォークが右へ進行するとともに，上側の鎖は新たにRNAプライマーを合成しては複製を開始する必要がある．複製が断続的に進むのでラギング鎖とよばれる．

転写（図2・7b）では，DNA二本鎖のうちの一方を鋳型に，RNAの合成が**RNAポリメラーゼ**によって5′から3′に進行する．複製と異なり，合成されたmRNA鎖は鋳型から外れ，鋳型となったDNA鎖は二本鎖に戻る．DNAのTは転写されたRNAではUとなる．

翻訳（図2・7c）では，まず20種のアミノ酸がそれぞれ対応するtRNAにアミノアシルtRNA合成酵素によって結合する．mRNAのシャイン・ダルガーノ配列をリボソームRNAが認識して結合し（図ではこの過程は省略している），開始tRNA–リボソーム–mRNAの複合体が形成される．**リボソーム**のP部位のtRNAに結合しているペプチド鎖がA部位のtRNAに結合しているアミノ酸に転移する．リボソームが3塩基分移動する．ペプチド鎖が外れたtRNAはE部位から放出される．空になったA部位に，次のtRNAが結合する．そのとき，mRNAの**コドン**

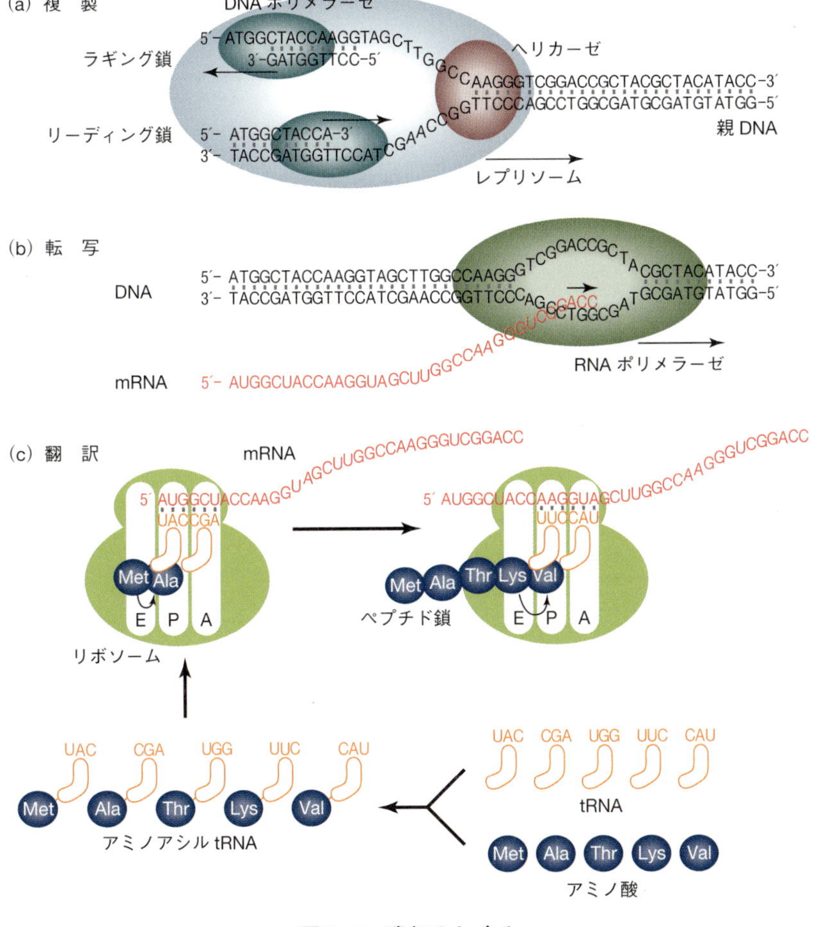

図2・7　遺伝のしくみ

と tRNA の**アンチコドン**が対合することで，コドンが対応するアミノ酸に翻訳される（図2・8）.

二 文 字 目

一文字目	U	C	A	G	三文字目
U	UUU UUC] Phe(F) UUA UUG] Leu(L)	UCU UCC UCA UCG] Ser(S)	UAU UAC] Tyr(Y) UAA 終止 UAG 終止	UGU UGC] Cys(C) UGA 終止 UGG Trp(W)	U C A G
C	CUU CUC CUA CUG] Leu(L)	CCU CCC CCA CCG] Pro(P)	CAU CAC] His(H) CAA CAG] Gln(Q)	CGU CGC CGA CGG] Arg(R)	U C A G
A	AUU AUC AUA] Ile(I) AUG Met(M)	ACU ACC ACA ACG] Thr(T)	AAU AAC] Asn(N) AAA AAG] Lys(K)	AGU AGC] Ser(S) AGA AGG] Arg(R)	U C A G
G	GUU GUC GUA GUG] Val(V)	GCU GCC GCA GCG] Ala(A)	GAU GAC] Asp(D) GAA GAG] Glu(E)	GGU GGC GGA GGG] Gly(G)	U C A G

Ala (A) アラニン	Gly (G) グリシン	Pro (P) プロリン
Arg (R) アルギニン	His (H) ヒスチジン	Ser (S) セリン
Asn (N) アスパラギン	Ile (I) イソロイシン	Thr (T) トレオニン
Asp (D) アスパラギン酸	Leu (L) ロイシン	Trp (W) トリプトファン
Cys (C) システイン	Lys (K) リシン	Tyr (Y) チロシン
Gln (Q) グルタミン	Met (M) メチオニン	Val (V) バリン
Glu (E) グルタミン酸	Phe (F) フェニルアラニン	

図2・8 コドン表 コドン一文字目は左，二文字目は上，三文字目は右．三つの塩基（文字）で一つのアミノ酸が指定される*.

2・5 タンパク質の構造と機能

転写された mRNA の配列を翻訳して，アミノ酸残基がつぎつぎに結合してペプチド鎖になる．アミノ酸の重合体がペプチド鎖で，それが立体構造をとるとタンパク質とよぶ．遺伝子は塩基配列の形でアミノ酸の並び順を指定している．翻訳されたペプチド鎖はアミノ酸の並び順に従って特定の構造をとる．アミノ酸のうち疎水

* アミノ酸の一文字表記は頭文字，同じ頭文字が複数ある場合には使用頻度の高いアミノ酸を表す．Arg, Asn, Tyr は2番目以後で異なる最初の文字 R, N, Y．D は ABC が他に使われたので次（B は Asp と Glu の総称にあてられている）．Q は発音が G に近い．E は G に近い．K は L の前．F は発音が ph と同じ．W は分子の形が似ている．

性残基はタンパク質立体構造の内側に，親水性残基は外側にいくことで，タンパク質は固有の立体構造をとる．タンパク質が立体構造をとると，たとえばリゾチームの構造（図2・9左）では基質結合部位のへこみができる．そして，その基質結合部位に基質（ペプチドグリカン）が結合して（図2・9右），活性残基によって加水分解される．こうした遺伝の仕組みを通して，遺伝子の塩基配列はアミノ酸配列を介在してタンパク質立体構造を決定し，機能を発現している．

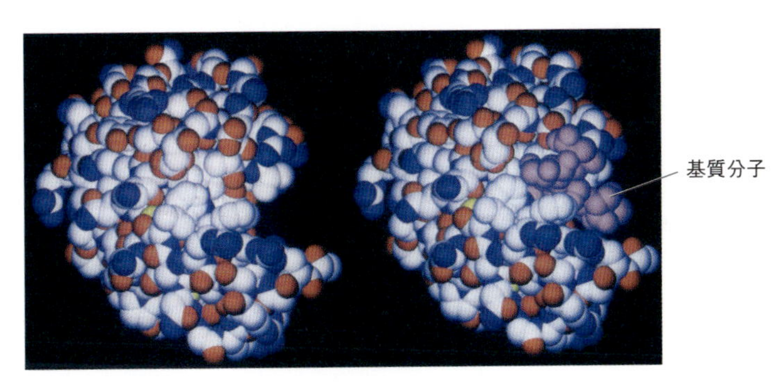

図2・9 タンパク質（リゾチーム）の立体構造

演習問題

2・1 dATPを全原子で描きなさい．塩基は省略して文字（AGCT）で記載してよい．水素は省略してもよいが，省略方法に注意（線の末端は炭素を意味する）．重要な構造の単位，部分，結合を記入する．

2・2 DNA 4塩基対（全部で8ヌクレオチド）を全原子で描きなさい．注意点は問題2・1と同じ．二本鎖の5′→3′の方向に注意．

2・3 生化学や分子遺伝学の教科書，参考書を参考にして以下の説明をしなさい．

1) DNAの複製に関して，以下のキーワードをすべて使って説明しなさい．
ヘリカーゼ，プライマーゼ，DNAポリメラーゼ，5′，3′，ラギング鎖，リーディング鎖，レプリソーム，OriC，Ter，ARS，テロメラーゼ

2) 大腸菌*lac*オペロンの転写に関して，下のキーワードをすべて使って説明しなさい．
プロモーター，オペレーター，リプレッサー，RNAポリメラーゼ，5′，3′

3) 大腸菌翻訳機構に関して，下のキーワードをすべて使って説明しなさい．
シャイン・ダルガーノ配列，リボソーム小サブユニット，開始コドン，開始tRNA，A部位，P部位，E部位，アミノアシルtRNA合成酵素，コドン，アンチコドン，mRNA，5′，3′，N末端，C末端

2・4 次のmRNAの塩基配列をアミノ酸配列に翻訳しなさい．

AUGGCUACCAAGGUAGCUUGGCCAAGGUAA

3 遺伝子工学の道具
制限酵素とメチル化酵素

概要 遺伝子工学では DNA や RNA を取扱うために種々の酵素が利用されている．なかでも制限酵素が最も重要である．遺伝子工学で利用する制限酵素は 4 塩基対から 8 塩基対の配列を認識して特定の位置を切断する．制限酵素の切断末端には，5′ 突出，3′ 突出，平滑末端の 3 種類がある．制限酵素は細菌がファージ感染を制限するためにもつ酵素で，細菌は同じ認識配列をメチル化する DNA メチラーゼをもっている．DNA メチラーゼは制限酵素による DNA 認識配列の切断を防ぐ目的で利用される．

重要語句 制限酵素，パリンドローム，粘着末端，平滑末端，アイソシゾマー，スター活性，DNA メチラーゼ，*S*-アデノシルメチオニン(SAM)

行動目標
1. 制限酵素の三つの切断型を説明できる．
2. 制限酵素での切断後の構造を書くことができる．
3. 制限酵素の切断頻度を計算できる．
4. メチル化した DNA を制限酵素が切断できるかどうか予想できる．

3・1 制限酵素

制限酵素（restriction enzyme）は遺伝子操作において最も基本的な酵素で，4 塩基から 8 塩基の特定の塩基配列（認識配列という）を認識して切断する一群の酵素の総称である．図 3・1 に *Eco*RI という名称の制限酵素の機能を説明する．*Eco*RI は二本鎖 DNA 上を移動して，認識配列 5′-GAATTC-3′ を見つけ出す．制限酵素は二量体で，2 本の鎖の 5′-GAATTC-3′ にサブユニットが一つずつ結合する．*Eco*RI はこの配列の G と A の間を切断する．切断されてできた二つの切断末端には 5′ 側に AATT という一本鎖ができることになる．二つの DNA 末端の一本鎖は相補的である．このように互いに相補的な一本鎖部分をもつ切断末端は水素結合により二本鎖を形成しやすいため，**粘着末端**とよばれる．

DNA の二本鎖は逆並行であるが，制限酵素は二つの鎖で 5′ から 3′ の方向に読んだときに同じになる配列を認識して切断する．こういう配列を**パリンドローム**（palindrome）配列とよぶ（回文配列ともいう）．

歴史的には I 型とよばれる制限酵素が最初に発見されたが，I 型は認識配列のどこを切断するのか，その切断箇所が決まっていない．それに対してⅡ型制限酵素は4〜8塩基を認識して決まった位置を切断する．この性質が遺伝子操作には便利なので，遺伝子工学ではもっぱらⅡ型制限酵素が用いられる．

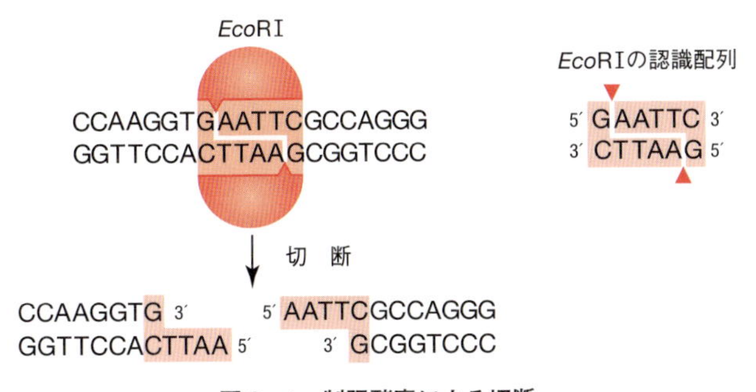

図3・1 制限酵素による切断

制限酵素は生物（おもに微生物で真正細菌が大部分）がもつものを精製して用いる．制限酵素の名称は由来生物種の学名から3文字（属名から大文字1文字，種小名から小文字2文字），それに菌株名をつけて命名される．たとえば，大腸菌 *Escherichia coli* のR株から1番目に発見された制限酵素は *Eco*RI，インフルエンザ菌 *Haemophilis influenzae* のd株から3番目に見つかった酵素は *Hind*Ⅲとなる．I，Ⅱ，Ⅲなどは数字のローマ数字表記で，one，two，three と読み，同じ生物種（株）で発見された順番を表している．学名を斜字体で記載することに由来して，制限酵素名の最初の3文字は斜字体で書くことが多い（*Eco*RI）．

3・2 制限酵素の“制限”の語源

制限酵素は決まった配列を認識してDNA配列を切断するので，切断配列が“制限”されていると思った読者もいるかもしれない．しかし，名前の由来はそういうことではない．もともと，制限酵素はファージの感染を“制限”する酵素として見つかった．ファージは細菌に感染して殺してしまう．制限酵素はファージDNAを切断するためのものなのだ（図3・2）．しかし，制限酵素によって細菌ゲノムDNAが切断されれば細菌自身が死んでしまう．それを防ぐために，細菌は自身の制限酵素認識配列を**メチル化**する酵素**DNAメチラーゼ**（DNA methylase）をもっている．DNAメチラーゼは制限酵素と同じ配列を認識してゲノムDNAをメチル化する．メチル化された細菌ゲノム DNA は，自分の制限酵素では切断されなくなる．こうして細菌は自分のゲノム DNA を DNA メチラーゼで守りつつ，制限酵素でファージ感染を“制限”している．

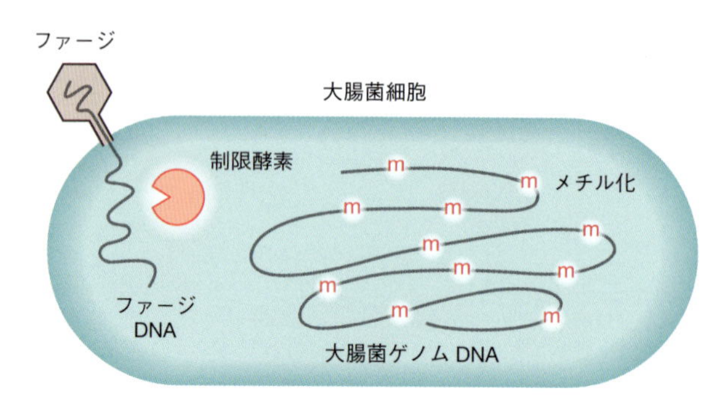

図 3・2　制限酵素とゲノム DNA のメチル化

3・3　制限酵素の三つの切断末端型

制限酵素の切断によってできる末端の形は三つのタイプに分類される（図 3・3）．図左端 *Eco*RI の切断でできた二つの DNA 断片の末端には 5′ 側の配列（AATT）が突出しているので，**5′ 突出末端**とよばれる．右端の *Kpn*I の場合には認識する配列の 5 番目と 6 番目の間を切断するので，切断断片の末端は 3′ 側が突出することになり，**3′ 突出末端**とよばれる．5′ 突出末端と 3′ 突出末端は両方とも，切断末端の一本鎖部分が相補的な配列なので**粘着末端**である．*Pvu*II は認識配列の真ん中を切断し，切断断片の末端は平らとなるので，**平滑末端**とよばれる．粘着末端は水素結合に助けられてくっつきやすく，平滑末端はくっつきにくい．粘着末端は同じ制

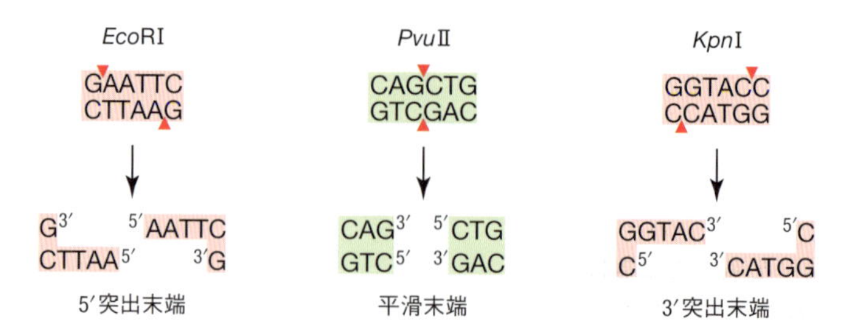

図 3・3　制限酵素の三つの切断末端タイプ

●一般化学

教養の化学：暮らしのサイエンス　定価 2640 円

教養の化学：生命・環境・エネルギー　定価 2970 円

ブラックマン基礎化学　定価 3080 円

理工系のための 一 般 化 学　定価 2750 円

スミス基 礎 化 学　定価 2420 円

●物理化学

きちんと単位を書きましょう：国際単位系(SI)に基づいて　定価 1980 円

物理化学入門：基本の考え方を学ぶ　定価 2530 円

アトキンス物理化学要論（第 7 版）　定価 6490 円

アトキンス物理化学　上・下（第 10 版）　上巻定価 6270 円
下巻定価 6380 円

●無機化学

シュライバー・アトキンス無機化学（第 6 版）上・下　定価各 7150 円

基礎講義 無 機 化 学　定価 2860 円

●有機化学

マクマリー有機化学概説（第 7 版）　定価 5720 円

マリンス有 機 化 学　上・下　定価各 7260 円

クライン有 機 化 学　上・下　定価各 6710 円

ラウドン有 機 化 学　上・下　定価各 7040 円

ブラウン有 機 化 学　上・下　定価各 6930 円

有機合成のための新触媒反応 101　定価 4620 円

構造有機化学：基礎から物性へのアプローチまで　定価 5280 円

スミス基礎有機化学　定価 2640 円

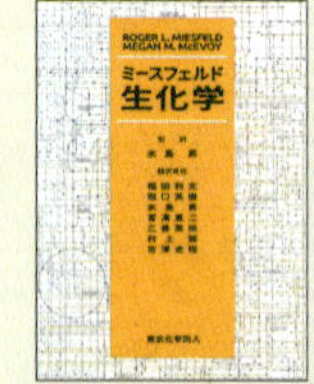

●生化学・細胞生物学

スミス基 礎 生 化 学　定価 2640 円

相分離生物学　定価 3520 円

ヴォート基礎生化学（第 5 版）　定価 8360 円

ミースフェルド生 化 学　定価 8690 円

分子細胞生物学（第 9 版）　定価 9570 円

お問い合わせ info@tkd-pbl.com　定価は 10％税込

おすすめの書籍

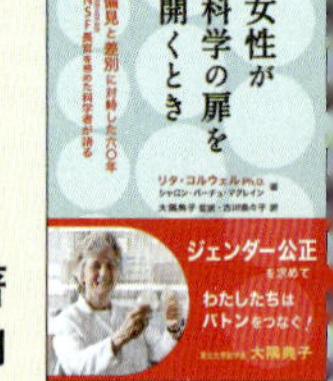

女性が科学の扉を開くとき
偏見と差別に対峙した六〇年
NSF（米国国立科学財団）長官を務めた科学者が語る

リタ・コルウェル，シャロン・バーチュ・マグレイン 著
大隅典子 監訳／古川奈々子 訳／定価 3520 円

科学界の差別と向き合った体験をとおして，男女問わず科学のために何ができるかを呼びかける．科学への情熱が眩しい一冊．

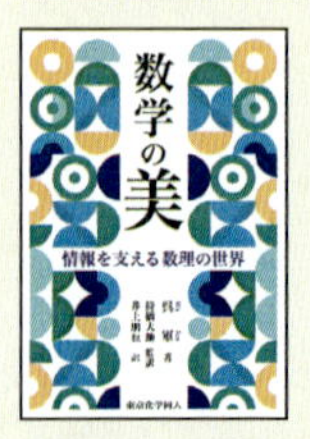

元 Google 開発者が語る，簡潔を是とする思考法

数学の美　情報を支える数理の世界

呉　軍 著／持橋大地 監訳／井上朋也 訳／定価 3960 円

Google創業期から日中韓三ヵ国語の自然言語処理研究を主導した著者が，自身の専門である自然言語処理や情報検索を中心に，情報革新を生み出した数学について語る．開発者たちの素顔や思考法とともに紹介．

月刊誌【現代化学】の対談連載より書籍化 第1弾

桝 太一が聞く 科学の伝え方

桝　太一 著／定価 1320 円

サイエンスコミュニケーションとは何か？どんな解決すべき課題があるのか？桝先生と一緒に答えを探してみませんか？

科学探偵 シャーロック・ホームズ

J. オブライエン 著・日暮雅通 訳／定価 3080 円

世界で初めて犯人を科学捜査で追い詰めた男の物語．シャーロッキアンな科学の専門家が科学をキーワードにホームズの物語を読み解く．

新版 鳥はなぜ集まる？ 群れの行動生態学

上田恵介 著／定価 1980 円

臨機応変に維持される鳥の群れの仕組みを，社会生物学の知見から鳥類学者が柔らかい語り口でひもとくよみもの．

限酵素でないと（突出部の配列が同じでないと）くっつけられないが，平滑末端は別な制限酵素断片でもくっつけられる．

3・4 アイソシゾマー

図3・4は，一番上の行にある認識配列を左の列の▼印で切断する制限酵素名が記載してある．上の2行の制限酵素は5′突出末端，3行目は平滑末端，下の2行の制限酵素は3′突出末端を生じる．異なる生物が同じ認識配列の酵素をもつ場合があり，それらを**アイソシゾマー**（isoschizomer）とよぶ．たとえば2行目の酵素 *Hpy*CH4 Ⅳと5行目の酵素 *Tai* Ⅰは認識する4塩基配列が同じで互いにアイソシゾマーである．ただし，認識配列は同じであるが，切断する場所は異なっている．切断する場所が同じかどうかを問わず，同じ配列を認識する酵素はアイソシゾマーとよばれる．

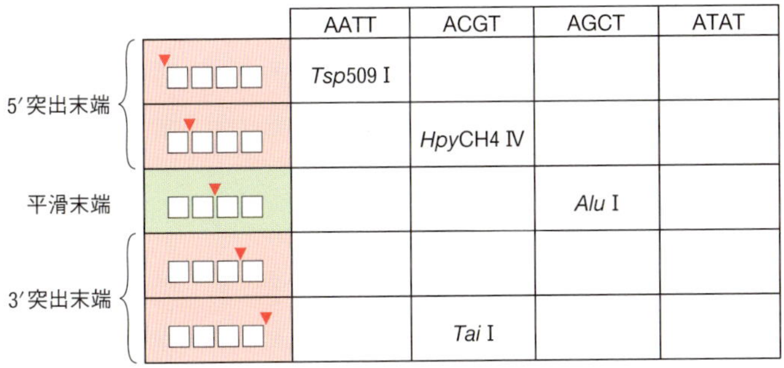

		AATT	ACGT	AGCT	ATAT
5′突出末端	▼□□□□	*Tsp*509 Ⅰ			
	□▼□□□		*Hpy*CH4 Ⅳ		
平滑末端	□□▼□□			*Alu* Ⅰ	
3′突出末端	□□□▼□				
	□□□□▼		*Tai* Ⅰ		

図3・4 いくつかの4塩基認識制限酵素の例 一番上の欄の配列があったとき，左の列の▼の位置で切断する酵素名が記載されている．反対側の鎖も同じ配列で同じ位置で切断される．

3・5 制限酵素の切断頻度

制限酵素でゲノム DNA を切断した場合にどれくらいの長さの DNA 断片が得られるかは計算で推定することができる．たとえば，4塩基を認識して切断する制限酵素の場合を考える．いまその認識配列を CTAG とする．大腸菌や多くの多細胞生物ゲノムの四つの塩基の比率はそれぞれ約 25%，1/4 である．つまり，どこかの DNA 塩基を調べたときにそこが C である確率は 25% である．C の次の配列が T である確率も 25%．さらに次が A である確率が 25%，その次が G である確率も 25% である．つまり，DNA の配列を 5′ から 3′ の方向に調べていったとき，CTAG

という配列が現れる確率 P は次の式で計算できる．

$$P = 0.25 \times 0.25 \times 0.25 \times 0.25 = \left(\frac{1}{4}\right)^4 = \left(\frac{1}{2}\right)^8 = \frac{1}{256}$$

CTAG という配列は 256 塩基に 1 回現れるということになるので，CTAG という配列が現れてから次の CTAG 配列が現れるまでの塩基数は約 250 となる．つまり 4 塩基認識の酵素で DNA を切断すると，切断によってできる DNA の長さの平均は 250 塩基対くらいになる．6 塩基認識の制限酵素で切断してできる DNA の平均長は約 4000 塩基対になる．DNA を扱う場合には数千塩基対程度の長さが扱いやすいので，6 塩基認識の制限酵素が最もよく利用されている．なお，DNA 分子の長さは塩基対数で表される．塩基対は英語で base pair，単位として表すときは bp（ベースペアと読む）と略される．千塩基対は kbp と表記され，キロベースペアと読む．6 塩基認識制限酵素で切断してできる DNA の平均長は約 4 kbp と表される．

3・6 制限酵素の反応条件

この節では，実際に制限酵素を利用する場合の注意点を説明する．それぞれの制限酵素にはその活性発現に必要な条件がある．その条件は，制限酵素を供給する会社が取扱い説明書に記載しているので，制限酵素を使用する際にはその説明書をよく読んで，それに従うことが重要である．ここでは，一般的に注意するべき項目について説明する．これは，基本的な知識としてそれほど重要ではないが，実際に遺伝子操作を行う場合にはきわめて重要である．こうした注意点は制限酵素に限らず，あとで説明する多くの酵素にもあてはまる．

3・6・1 酵素反応温度

酵素は一般に，もともとその酵素をもっていた生物が生育していた温度で最も高い反応活性を示す．酵素の多くは動物の体内（37 ℃）で生育する微生物由来なので，37 ℃で最も高い反応活性を示すものが多い．しかし，それ以外の温度（たとえば 30 ℃，50 ℃，70 ℃）で使用する酵素もある．指定の温度で反応させないと所期の機能が出ない場合が多い．

3・6・2 酵素反応液

酵素反応液にはさまざまな溶質が含まれているので，それぞれの溶質の役割を知っておくとよい．まず pH 緩衝剤が重要である．酵素は中性付近の pH で用いられる場合が多く，反応液の pH を維持するために反応液には pH 緩衝剤が添加されている．普通はTris（トリスと読む）と塩酸を含む緩衝液（Tris−HCl，トリス塩酸）が用いられるが，まれに酵素活性がこの緩衝液で阻害される場合があり，それ以外の緩衝液を用いる場合もある．

遺伝子操作に用いられる酵素の大部分は，反応に二価金属イオンを必要とする．二価金属イオンは反応の基質となるDNAあるいはRNAのリン酸基の負電荷に作用して酵素活性に寄与する．Mg^{2+}が最もよく用いられるが，酵素の種類によってはそれ以外（Mn^{2+}，Zn^{2+}など）を必要とする場合もある．

酵素はそれぞれ異なる濃度の一価金属イオン（Na^{+}あるいはK^{+}）を必要とする．特に制限酵素は酵素ごとに異なる種類と濃度の一価金属イオンで最高の活性を示す．しかし，多数の制限酵素ごとに異なった反応液を準備することは煩わしいので，異なる一価金属イオン濃度をもつ何種類かの反応液（低塩濃度，中塩濃度，高塩濃度等）を準備しておくことが多い．

酵素類は不安定であるため，保存溶液中あるいは反応液中に酵素安定化剤が添加される．たとえばSH基還元剤（2−メルカプトエタノール，グルタチオン），BSA（bovine serum albumin：ウシ血清アルブミン），中性界面活性剤（TritonX−100）等が添加される．さらに酵素の保存は低温が好ましいが，保存中に溶液が凍結すると酵素は失活する．そこで低温での凍結を防ぐために，酵素保存液には高濃度（50％）のグリセロールが添加されて−20℃で保存される．しかし，こうした添加溶質が次に説明するスター活性のように酵素反応に影響を与える場合があるので注意が必要である．

3・6・3 スター活性

制限酵素は酵素ごとに特有の認識配列をもっている．しかし，不適切な反応条件では，認識配列の厳密さが失われて，認識配列以外の配列を切断してしまうことがある．この認識配列以外の配列を切断する活性を**スター活性**とよぶ（図3・5）．スターは星印のことで，本来の認識配列以外の切断配列に星印をつけたことに由来している．個々の制限酵素がどのようなスター活性をもつのか，すなわち酵素がどのような条件でどのような配列を切断してしまうかということは，酵素の説明書に記載されている．一般的には以下のような条件がスター活性の原因となる．

a）高濃度の酵素や高濃度のグリセロール．これらは，反応を十分に行おうとして必要以上に多量の酵素を添加することによってひき起こされる．

b）不適切なpHやイオンの濃度と種類．これは，反応液の選択を間違った場合のほか，同じ反応溶液で連続して複数の酵素反応を行う場合にひき起こされる．

制限酵素	通常の認識配列	スター活性の際の認識配列	原　　因
*Eco*RI	G▼AATTC	NAATTN	・酵素過剰 ・高濃度のグリセロール ・Mg^{2+}とMn^{2+}の置換 ・高い pH
*Eco*RV	GAT▼ATC	RATATC GNTATC GANATC GATNTC GATANC GATNTY	・DMSO の添加

図3・5　制限酵素のスター活性（R はプリン塩基，Y はピリミジン塩基，N は何でもよい）

3・6・4　酵素の阻害因子

以上のような注意や次の項で説明する DNA のメチル化を考慮しても所期の反応が起こらない場合には，酵素の阻害因子を考える必要がある．それらは EDTA（エチレンジアミン四酢酸）と DNA の不純物である．

EDTA は二価金属イオンのキレート剤である．キレートとはカニのハサミのことで，EDTA は二価金属イオンをカニのハサミのように挟み込んで溶液中から除去する．DNA は一般に化学的には安定であるが，核酸分解酵素によって分解される．多くの核酸分解酵素は二価金属イオンを活性発現に必要とする．そこで，ほこりなどから混入した核酸分解酵素が DNA を分解するのを防ぐため，EDTA を含む溶液で DNA を保存する．この DNA を用いた次の反応で EDTA が反応液に多量に持ち込まれると，酵素反応に必要な二価金属イオンをキレートしてしまうので，反応を阻害することになる．

DNA は一般に何らかの生物から単離精製される．DNA の精製の度合いが不十分だと，溶液中に残されたタンパク質や糖類によって遺伝子操作用酵素が阻害される．特に糖類は DNA と性質や構造が似ているため，十分な注意が必要である．また，純度の低いアガロースを DNA の精製に用いると，不純物として糖硫化物を含んでいるため反応阻害要因となりやすい．

3・6・5　制限酵素反応に必要な DNA 鎖長

制限酵素の認識配列は酵素ごとに決まっている．それとは別に，制限酵素が酵素活性を発現するためには，ある程度の長さの二本鎖 DNA が認識配列の外側に必要である（図3・6）．すなわち，6塩基認識の制限酵素であっても8塩基以上のDNAの長さがないと切断しない場合がある．たとえば，*Acc*Ⅰは6塩基認識の制限酵素であるが，8塩基でも10塩基でも12塩基でも，2時間反応させても，20時間反応させてもまったく切断されない．後の章で解説するベクターの多重クローニング部位中の隣接する二つの制限酵素部位を切断しようとしても，後から用いる酵素では切断されない場合が多い．

制限酵素	DNA配列	DNA鎖長	切断される割合(%)	
			2時間	20時間
*Acc*Ⅰ	GGTCGACC	8	0	0
	CGGTCGACCG	10	0	0
	CCGGTCGACCGG	12	0	0
*Afl*Ⅲ	CACATGTG	8	0	0
	CCACATGTGG	10	>90	>90
	CCCACATGTGGG	12	>90	>90
*Asc*Ⅰ	GGCGCGCC	8	>90	>90
	AGGCGCGCCT	10	>90	>90
	TTGGCGCGCCAA	12	>90	>90

図3・6　短いDNAが制限酵素で切断される割合　制限酵素の認識配列を赤で示す．

3・6・6　酵素活性を表す単位（ユニット）

使用する酵素の量はユニット(unit)という単位で表される．ユニットは，どれくらいの基質（DNA量）をどれくらいの反応時間で処理できるかという能力を表示するものである．ユニットの定義は酵素の種類ごとに異なる．場合によっては，同じ酵素に対しても異なった定義のユニットが用いられるので，説明書で確認することが必要である．

3・7　DNAメチラーゼ

制限酵素が細菌のゲノムDNAを切断して，細菌そのもの（自分自身）を殺してしまうのを防ぐために（§3・2），細菌は自分のゲノムDNA中の制限酵素認識配列の塩基にメチル基（$-CH_3$）を付加する酵素，**DNAメチラーゼ**をもっている．同じ細菌がもつ制限酵素とDNAメチラーゼは同じ配列を認識する．DNAメチラーゼでメチル化した細菌ゲノムの認識配列は対応する制限酵素では切断されなくなる．

図3・7に細菌由来のDNAメチラーゼの例を示した．三つのDNAメチラーゼと，その認識配列，メチル化されるヌクレオチドをmで表している．メチル化される塩基はアデニンかシトシンで，制限酵素認識部位の特定の位置の塩基がメチル化されると制限酵素が認識配列を切断できなくなる．どの塩基がメチル化されると切断されなくなるかは，制限酵素ごとに決まっている．DNAメチラーゼの認識配列は同名の制限酵素と同じである．また，塩基のどこがメチル化されるかも図3・8のように決まっている．

*Eco*RⅠメチラーゼ (M.*Eco*RⅠ)	*Hind*Ⅲメチラーゼ (M.*Hind*Ⅲ)	*Bam*HⅠメチラーゼ (M.*Bam*HⅠ)
5′ GAATTC 3′ (3番目のAがm)	5′ AAGCTT 3′ (1番目のAがm)	5′ GGATCC 3′ (5番目のCがm)
3′ CTTAAG 5′ (4番目のAがm)	3′ TTCGAA 5′ (6番目のAがm)	3′ CCTAGG 5′ (2番目のCがm)

図3・7　細菌由来のDNAメチラーゼの例　三つの異なるDNAメチラーゼの認識配列のメチル化位置をmで表す．( )内は略称でM.はメチラーゼの略．

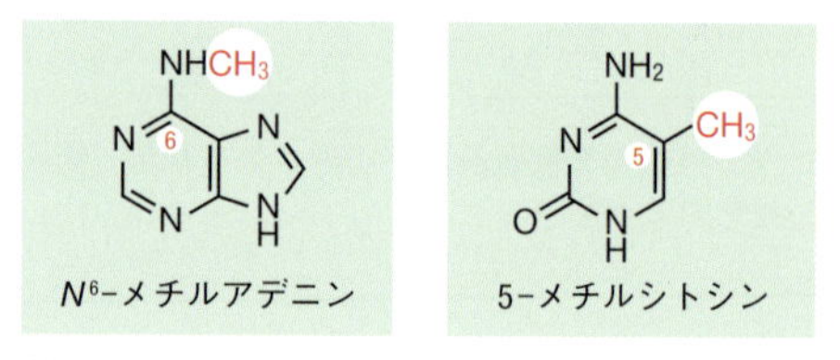

図3・8　DNAメチラーゼでメチル化される位置

このメチル化と制限酵素との関係は二つの面で見ておく必要がある．一つは不都合な側面である．切断しようとするDNAが何らかの理由でメチル化していると，制限酵素で希望通りに切断されない可能性が出てくる．たとえば微生物のゲノムDNAがメチル化していると切断されない場合がある．プラスミドを大腸菌中で増やすと，宿主大腸菌によってプラスミドの配列がメチル化されて切断されなくなる場合もある．また，高等生物は遺伝子発現を制御するためにDNAをメチル化していることがあり，これらのメチル化DNAが制限酵素の働きを妨げる場合がある．

一方，メチル化を積極的に利用することもできる．DNAを制限酵素で切断する際，DNAの中に切断したくない配列があったとしよう．その場合には，DNAをあらかじめDNAメチラーゼによってメチル化したあとで，制限酵素で切断する．こうして，切断したい認識部位だけを切断することができる．

さて，DNAメチラーゼでメチル化されたDNA配列は同じ生物由来の制限酵素で切断されないことは，すでに説明した．しかし，DNAメチラーゼと異なった生物由来の制限酵素の組合わせでは，もう少し複雑な状況になる（図3・9）．つまり，同じ配列の同じ塩基のメチル化であっても，ある制限酵素は切断できるが，他の制限酵素は切断できないという例が出てくる．さらに，*Dpn* I という制限酵素のように，その認識配列のアデニンがメチル化されている場合だけ切断するものもある（図3・10）．

メチル化部位	可能	不可能
m 5′ CCGG GGCC 5′ m	*Msp* I	*Hpa* II
m 5′ CCCGGG GGGCCC 5′ m	*Xma* I	*Sma* I

図3・9 メチル化された配列を切断できる制限酵素，切断できない制限酵素

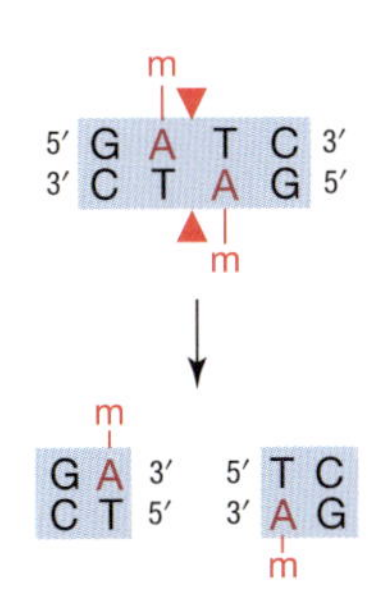

図3・10 制限酵素 ***Dpn* I** は認識配列のアデニンがメチル化された場合だけ切断する

なお，DNAをメチラーゼでメチル化するときにはメチル基を供与する基質として **SAM**（*S*-adenosylmethionine：*S*-アデノシルメチオニン）が必要である（図3・11）．SAMは硫黄原子に結合したメチル基をDNAメチル化反応に供与する．

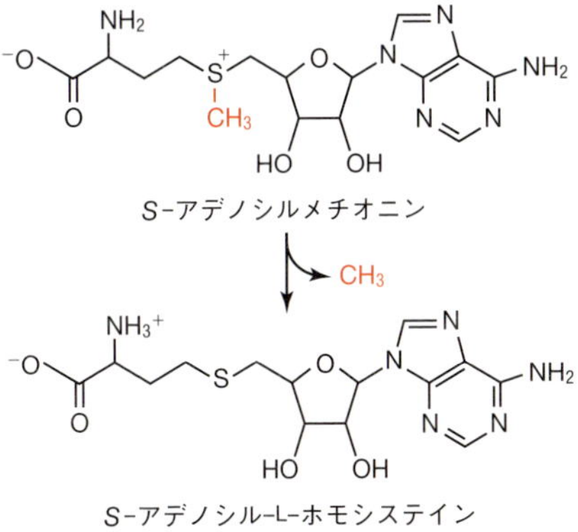

S-アデノシルメチオニン

CH_3

S-アデノシル-L-ホモシステイン

図3・11 ***S*-アデノシルメチオニンからのメチル基供与反応**

細胞内ではSAMは代謝反応によって合成されてDNAメチラーゼに供給されているが，試験管内の遺伝子操作でDNAメチラーゼを用いる場合には，反応液中にSAMを添加する必要がある．

演習問題

3・1　制限酵素の切断末端の構造に基づく三つのタイプを説明しなさい．

3・2　以下の配列はどのような6塩基認識の酵素でどのように切断されるか，図3・3にならって描きなさい．まず配列を二本鎖として描き，それに5′，3′，切断位置を記入し，切断酵素名，切断後の二本鎖配列を描きなさい．認識配列をインターネットで検索にかけると，その配列を切断する酵素と切断する位置を探し出すことができる．

1) 5′-GAATTC，2) 5′-AAGCTT，3) 5′-CCCGGG，4) 5′-CTGCAG，
5) 5′-TCTAGA

3・3　8塩基認識の制限酵素の切断頻度を計算しなさい．

3・4　制限酵素 *Mbo* I はGATCのGの前で切断する制限酵素である．*Mbo* I はたとえば次のメチル化によって切断を阻害される（ここでÅはメチル化されるアデニンを表す）．*Dam*（GÅTC），M. *Taq* I（TCGÅTC），M. *Ban* III（ATCGÅTC），M. *Mbo* II（GAAGÅTC）．次のDNAメチラーゼでメチル化したそれぞれの配列は *Mbo* I で切断されるかどうかを答えなさい．メチル化される塩基にはÅのように文字の上に○印をつけ，切断される位置に↓の印をつけなさい．切断されない場合は配列の後に×をつけなさい．

1) *Taq* I メチラーゼ(TCGÅ)：

TCGATC，TGGATC，TCGATT，ATGGATC，ATCGATC

2) *Cla* I メチラーゼ(ATCGÅT)：

ATCGATC，ATGGATC，ATGGATG，CTCGATC，CATCGATC

遺伝子工学の道具
さまざまな酵素

概要 遺伝子操作では制限酵素のほか，さまざまな酵素を用いる．重要な酵素としてヌクレアーゼ，DNA ポリメラーゼ，DNA リガーゼ，アルカリホスファターゼ，ポリヌクレオチドキナーゼなどがある．これらの酵素は DNA を分解したり，複製したり，DNA 断片を結合するために用いられる．ヌクレアーゼはエンドヌクレアーゼとエキソヌクレアーゼに大別される．アルカリホスファターゼとポリヌクレオチドキナーゼで DNA リガーゼの反応を制御できる．

重要語句 エンドヌクレアーゼ，エキソヌクレアーゼ，*Bal* 31，*Exo* Ⅲ，DN アーゼ I，S1 ヌクレアーゼ，RN アーゼ H，DNA リガーゼ，アルカリホスファターゼ，ポリヌクレオチドキナーゼ，DNA ポリメラーゼ，逆転写酵素，cDNA

行動目標

1. エンドヌクレアーゼとエキソヌクレアーゼを説明できる．
2. おもなヌクレアーゼの機能を説明できる．
3. リガーゼでの DNA 結合の可能性を予想できる．
4. DNA ポリメラーゼの三つの活性を説明できる．
5. DNA 複製過程を全原子で描ける．

4・1 ヌクレアーゼ

分解酵素名は分解される物質名にアーゼをつけて命名される場合が多い．核酸の英語訳は nucleic acid なので，核酸分解酵素は**ヌクレアーゼ**(nuclease)とよばれる．ヌクレアーゼはその切断様式で**エンドヌクレアーゼ**と**エキソヌクレアーゼ**の二つに大別される．エンドは“中側”inside を意味する英語の接頭語である．エンドヌクレアーゼは核酸鎖の中を切断する．制限酵素もエンドヌクレアーゼの一種であり制限エンドヌクレアーゼともよばれる．エキソは“外側”external を意味する英語の接頭語である．核酸鎖の外側を切断するということはありえないが，エキソヌクレアーゼは核酸鎖の端から 1 ヌクレオチドずつ削りとっていく（図 4・1）．

代表的なエンドヌクレアーゼである **DNアーゼ I** は，反応溶液中の二価金属イオンの種類によって多少異なる反応を触媒する．DNアーゼ I は，Mn^{2+} を含む溶液中では DNA 二本鎖の両鎖を同じ位置で切断し，DNA は短い断片となる（図 4・2a）．

しかし Mg^{2+} を含む溶液中では，DNA 二本鎖を別の位置で切断する（図 4・2b）．この場合は両鎖の間の水素結合が二本鎖を保つため，DNA 全体の長さは短くならない．二本鎖 DNA のホスホジエステル結合が切断された状態を**ニック**（切れ目）という．ホスホジエステル結合は隣り合う糖の 3′ と 5′ をリン酸基で結合しているが，遺伝子工学で用いられるヌクレアーゼの多くは 3′ 側の結合を切り，リン酸基は 5′ 側に残る．

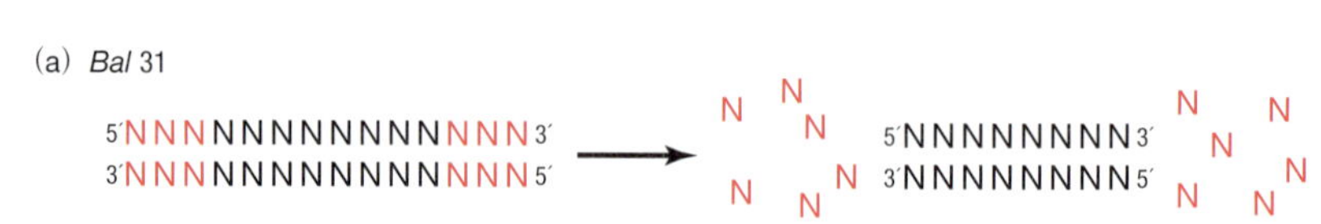

図 4・1　エキソヌクレアーゼの例　(a) *Bal* 31．二本鎖 DNA の 5′ と 3′ の両方から 1 ヌクレオチドずつ削りとる．(b) *Exo* III．DNA 二本鎖の平滑末端あるいは 5′ 突出末端の 3′ 末端だけ削りとる．3′ 突出末端には作用しない．N は任意のヌクレオチド．

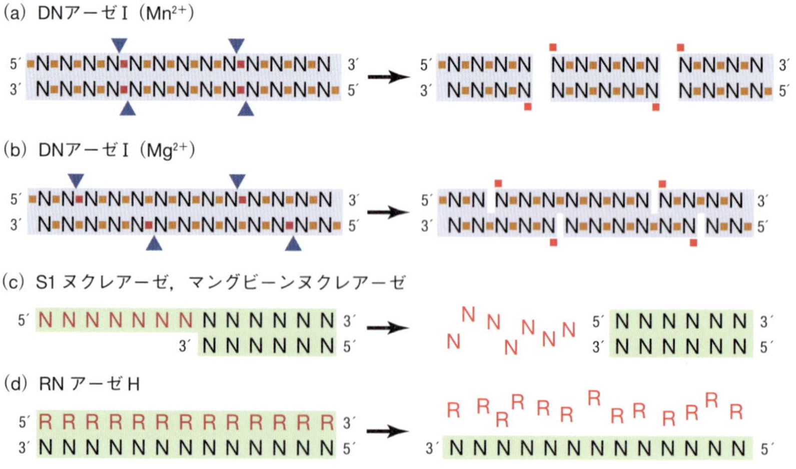

(a) DNアーゼ I (Mn^{2+})

(b) DNアーゼ I (Mg^{2+})

(c) S1 ヌクレアーゼ，マングビーンヌクレアーゼ

(d) RN アーゼ H

図 4・2　エンドヌクレアーゼの例　(a, b) DNアーゼ I はリン酸基（■および■）と 3′ との間の結合を切り，リン酸基は 5′ に残る（■）．Mn^{2+} を含む溶液中では二本鎖 DNA（N で表す）を同じ位置で切断する．Mg^{2+} を含む溶液中では，二本鎖 DNA の片側の鎖に切れ目（ニック）を入れる．(c) S1 ヌクレアーゼは一本鎖 DNA を切断する．二本鎖 DNA には作用しない．マングビーンヌクレアーゼ（mung bean nuclease）も同じ特性をもつ．(d) RN アーゼ H は RNA（R で表す）と DNA（N で表す）の複合（ハイブリッド）二本鎖の RNA を切断する．

ヌクレアーゼにはさまざまな生物由来のさまざまな性質をもつものがあり，その特徴を利用してさまざまな用途に用いられる．作用できる基質も DNA か RNA か，DNA の一本鎖か二本鎖か，ヌクレアーゼによって特異性が異なる．S1 ヌクレアーゼとマングビーンヌクレアーゼは一本鎖 DNA および一本鎖 RNA を特異的に切断する．RN アーゼ H は RNA と DNA の複合二本鎖の RNA を特異的に切断する．これらはエンドヌクレアーゼである．エキソヌクレアーゼの場合には，活性が 3′→5′ なのか 5′→3′ なのか，また作用できる末端の種類の違いがある．しかし，図 4・1，図 4・2 で解説した 6 種類のヌクレアーゼの特性を理解しておけば，遺伝子操作で困ることはまずない．

4・2 DNA リガーゼ

DNA リガーゼは，ATP を含む溶液中で 2 本の DNA 断片を結合する．ただし，DNA リガーゼが作用できる基質の組合わせは限られている．

1) 5′ 末端にリン酸基がついている相補的な粘着末端は DNA リガーゼによって結合する（図 4・3a）．
2) 片方の 5′-リン酸基がない場合，その DNA 鎖は結合できず，もう一方だけがつながってニックが入った状態になる（図 4・3b）．
3) 5′ 末端にリン酸基がついている平滑末端同士も DNA リガーゼによって結合する（図 4・3c）．

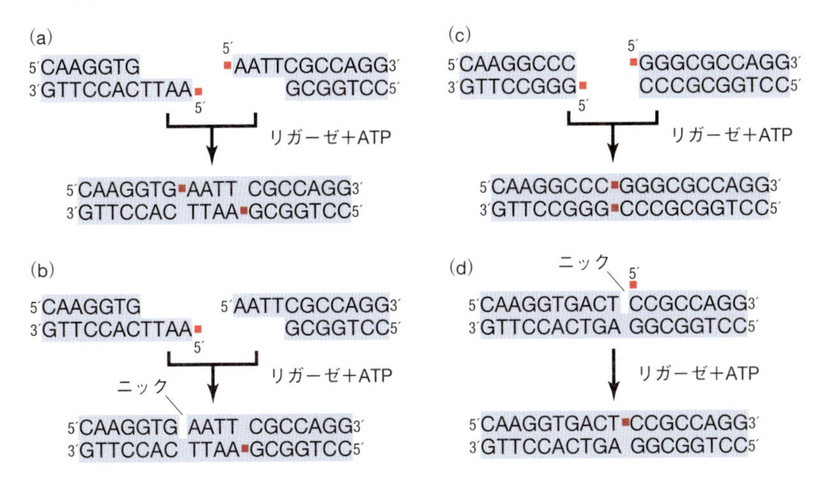

図 4・3 DNA リガーゼ (a) DNA リガーゼによる粘着末端の結合．■は 5′-リン酸基．(b) 片方の鎖が 5′-リン酸をもたない DNA 鎖の DNA リガーゼによる結合．ニックができる．(c) DNA リガーゼによる平滑末端の結合．(d) DNA リガーゼによるニックの結合．

4）ニック（図4・3d）が入っている場合で，5′末端にはリン酸基があるが3′末端にはリン酸基が結合していない場合もリガーゼによって結合する．

4・3　アルカリホスファターゼ

ホスファターゼはリン酸基の除去酵素を意味する．遺伝子操作で用いるDNAを基質とするホスファターゼはアルカリ性で強い活性を示すので，**アルカリホスファターゼ**とよばれる．アルカリホスファターゼはどのようなリン酸基にも作用するが，遺伝子操作ではDNA断片の5′末端のリン酸基の除去に用いられる．DNA 5′末端のリン酸基をアルカリホスファターゼで除去すると，二つのDNA断片はDNAリガーゼで結合しなくなる（図4・4a）．DNA断片を結合したくない場合に，5′末端リン酸基除去にアルカリホスファターゼを利用する．

4・4　ポリヌクレオチドキナーゼ

キナーゼ（リン酸化酵素）はホスファターゼの逆で，基質をリン酸化する機能をもっている．**ポリヌクレオチドキナーゼ**はDNAやRNAの5′末端にリン酸基を付加する．この反応にはATPが必要で，ATPのγ位のリン酸基（図2・5a参照）がDNAやRNAの5′末端に付加される．図4・4(b)のように5′-リン酸基を外したDNA断片に，ポリヌクレオチドキナーゼによって再び5′-リン酸基を導入すると，その後のリガーゼによる結合が可能になる．

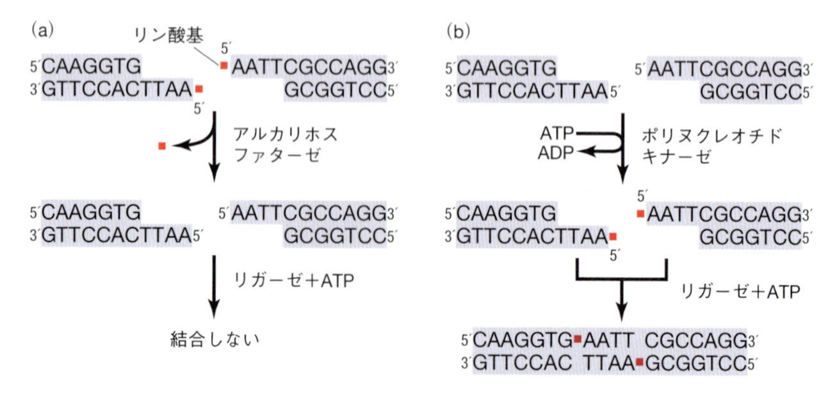

図4・4　アルカリホスファターゼとポリヌクレオチドキナーゼ　(a) アルカリホスファターゼで5′-リン酸基を除去すると，DNAリガーゼを使っても結合しなくなる．(b) ポリヌクレオチドキナーゼで5′末端にリン酸基を付加するとDNAリガーゼで結合できるようになる．

4・5　DNA ポリメラーゼ

DNA ポリメラーゼは DNA の複製反応を触媒する（図 4・5）．DNA 複製反応のためには，鋳型となる一本鎖 DNA と，鋳型 DNA に相補鎖を形成した短鎖 DNA（**プライマー**）が必要である．DNA ポリメラーゼはプライマーの 3′ 末端に次の相補的デオキシリボヌクレオチドを付加する．このとき，プライマーの 3′ 末端はヒドロキシ基（OH 基）である必要があり，それ以外の場合にはこの付加反応は起こらない．反応の基質はデオキシリボヌクレオシド三リン酸（dNTP）である．dNTP の α 位のリン酸基が，プライマー 3′ 末端のヒドロキシ基と結合する．その際，β 位と γ 位のリン酸は二リン酸（リン酸が二つ結合したもの．ピロリン酸とも

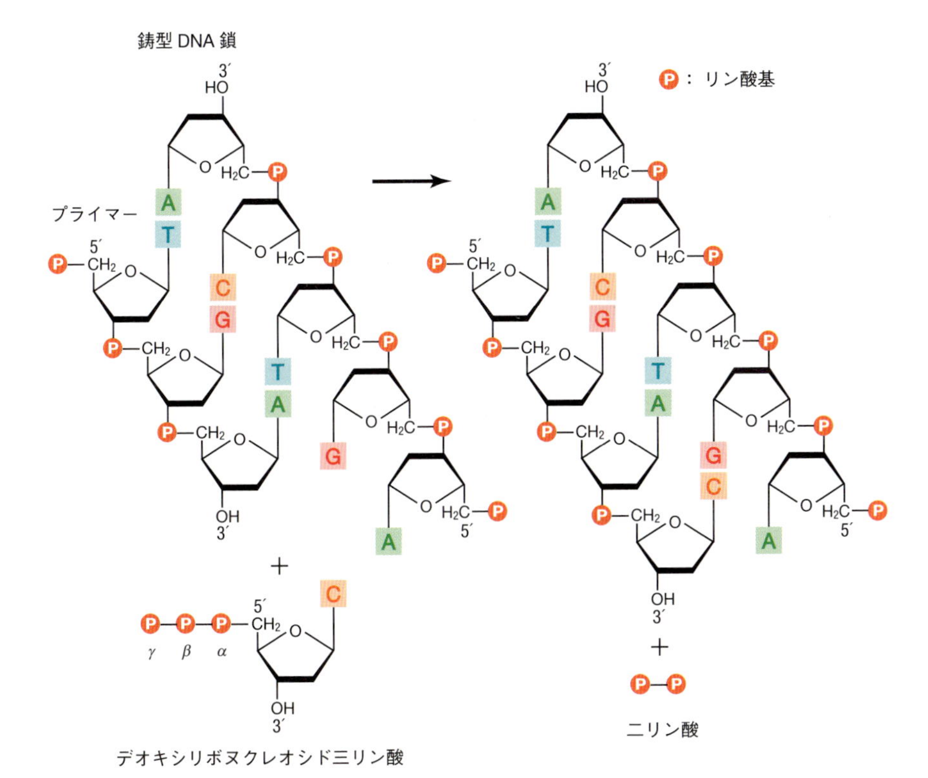

図 4・5　DNA ポリメラーゼ活性　DNA ポリメラーゼは鋳型 DNA に相補的に結合したプライマーの 3′-OH 基に鋳型相補的（図では鋳型の G に対して C）なデオキシリボヌクレオシド三リン酸（dNTP）を付加する．dNTP は α 位のリン酸基でプライマーに付加し，β 位と γ 位のリン酸基は二リン酸として脱離する．

よばれる）として脱離する．

DNA ポリメラーゼは，DNA ポリメラーゼ活性のほかに 3′→5′ 方向のエキソヌクレアーゼ活性と 5′→3′ 方向のエキソヌクレアーゼ活性をもっている（図 4・6）．3′→5′ エキソヌクレアーゼ活性は，DNA 鎖伸長反応での校正機能のための活性である．DNA ポリメラーゼはたまに相補的でないデオキシリボヌクレオチドを間違って結合することがある．間違って結合したデオキシリボヌクレオチドは DNA ポリメラーゼの 3′→5′ エキソヌクレアーゼ活性によって取除かれ，正しいデオキシリボヌクレオチドが改めて付加されて伸長反応が継続する．これは校正機能とよばれる．3′→5′ エキソヌクレアーゼ活性は 3′ 突出末端のデオキシリボヌクレオチドを除去する活性もある．

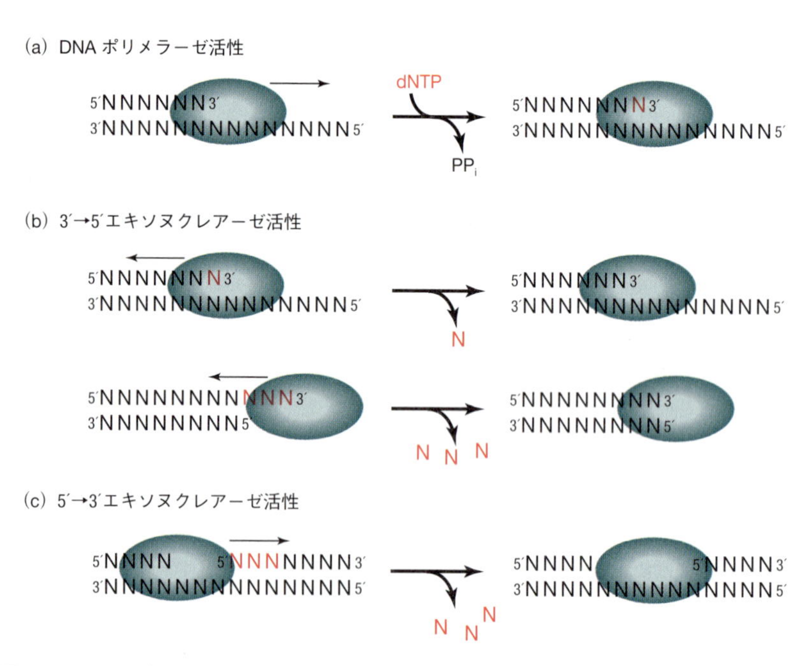

図 4・6 DNA ポリメラーゼの三つの活性 DNA ポリメラーゼは 3 種類の活性をもっている．(a) DNA ポリメラーゼ活性：プライマー 3′ 末端に dNTP を基質としてデオキシリボヌクレオチド（N で表す．A，C，G，T のいずれか）を付加する（詳細は図 4・5）．PP_i は二リン酸，(b) 3′ → 5′ エキソヌクレアーゼ活性：複製途中の DNA 鎖の 3′ 末端のデオキシリボヌクレオチドを除去する．3′ 突出末端のデオキシリボヌクレオチドを除去することもできる．(c) 5′ → 3′ エキソヌクレアーゼ活性：DNA ポリメラーゼが伸長反応を行い移動していく方向にあるデオキシリボヌクレオチドまたはリボヌクレオチドを除去する．

5′→3′ エキソヌクレアーゼ活性は，DNAポリメラーゼが伸長反応を行い移動していく進行方向にDNA鎖あるいはRNA鎖がある場合にそれを除去する活性である．DNAポリメラーゼがDNA二本鎖の除去修復を行うときに，ポリメラーゼ反応の進行方向のDNA鎖を除去する．DNAポリメラーゼがラギング鎖の合成を行う場合には，それまでの複製反応で用いられたRNAプライマーに遭遇するとそれを除去する．

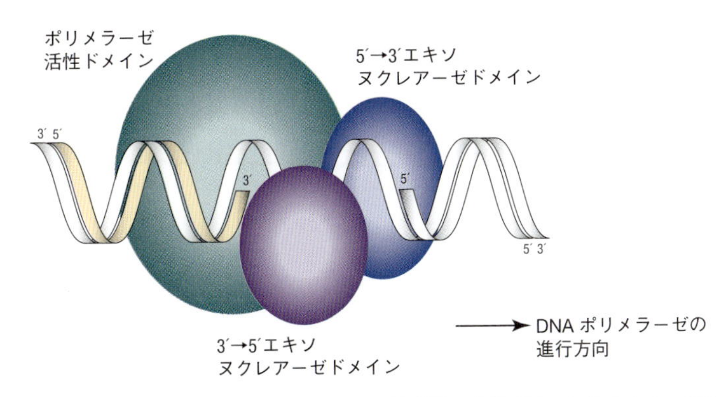

図4・7　大腸菌DNAポリメラーゼIの模式図　大腸菌DNAポリメラーゼIは三つの構造的なかたまり（ドメイン）からなっている．ドメインはそれぞれ活性をもっている．大腸菌DNAポリメラーゼIのクレノウ断片には5′→3′エキソヌクレアーゼドメインがない．

遺伝子工学では，異なる特徴をもつさまざまなDNAポリメラーゼを利用する．大腸菌**DNAポリメラーゼI**（*E. coli* DNA pol Iあるいは単にDNA pol I）は代表的なDNAポリメラーゼであり，上記の三つの活性をもっている．図4・7はDNAポリメラーゼIの構造を模式的に示している．このポリメラーゼは三つのドメイン（酵素の構造上，機能上の単位）からなり，それぞれのドメインがDNAポリメラーゼの三つの機能の一つずつを担っている．“大腸菌DNAポリメラーゼIのクレノウ断片”というDNAポリメラーゼも代表的なDNAポリメラーゼの一つである．クレノウ（Klenow）氏が発見したためこういう名がついた．単に**クレノウ断片**とよばれる場合も多い．クレノウ断片はDNAポリメラーゼIをタンパク質分解酵素ズブチリシンで切断してできる断片の一つで，図4・7に示したDNAポリメラーゼIの三つのドメインのうち，5′→3′ エキソヌクレアーゼドメインをもたないのでこの活性を示さない．つまり，前方方向にあるプライマーを除去する活性がない．多くのDNA複製反応ではエキソヌクレアーゼ活性によってDNAが不用意に分解され

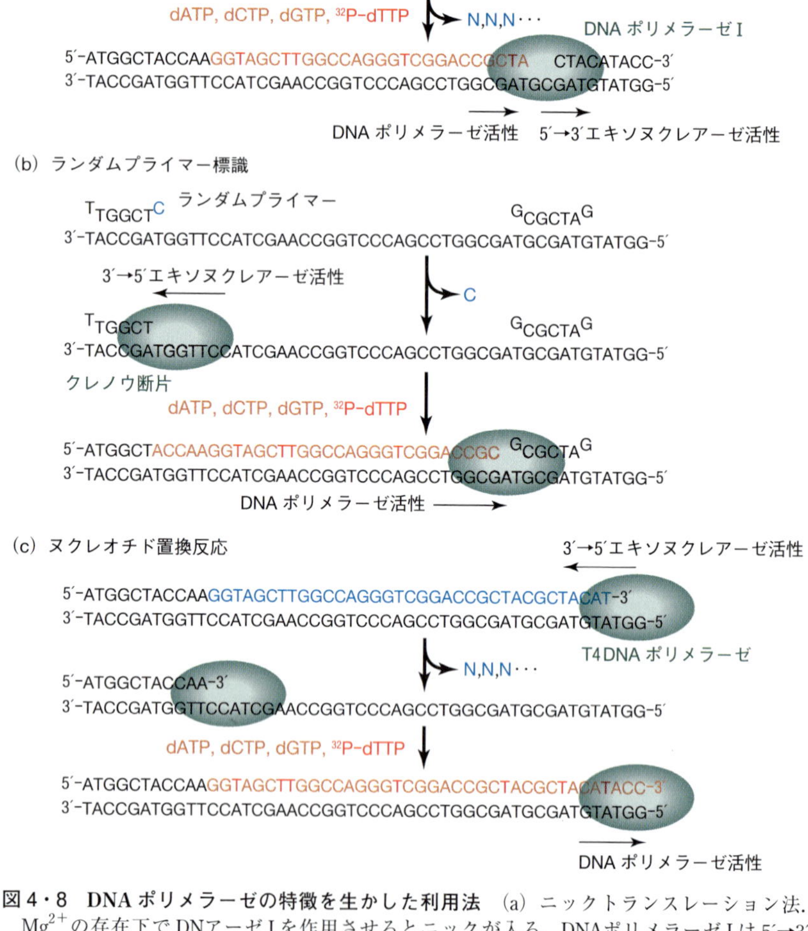

図 4・8　DNA ポリメラーゼの特徴を生かした利用法　(a) ニックトランスレーション法．Mg^{2+} の存在下で DNアーゼⅠを作用させるとニックが入る．DNAポリメラーゼⅠは 5′→3′ エキソヌクレアーゼ活性によって前方のヌクレオチドの除去をしつつ DNA 複製反応を行っていく．α-^{32}P-dTTP を反応溶液に入れておくと，放射性の DNA 鎖となる．(b) ランダムプライマー標識法．ランダムプライマーはある頻度で一本鎖の鋳型 DNA に結合する．両端は相補的でなくても結合する．クレノウ断片の 3′→5′ エキソヌクレアーゼ活性によって相補的でないヌクレオチドが除去され，ポリメラーゼ活性によって新しい DNA 鎖が合成される．(c) ヌクレオチド置換反応．T4 DNA ポリメラーゼは 3′→5′ エキソヌクレアーゼ活性が強いので，3′ 末端からヌクレオチドを除去していく．その後，基質を加えると，除去された部分に新しい DNA 鎖が合成される．

ることは望ましくないので，単にDNA鎖の複製が必要な場合にはクレノウ断片を用いる．一方，進行方向のヌクレオチドを除去することが必要な場合にはDNAポリメラーゼIが用いられる．

図4・8に，DNAポリメラーゼの特徴を生かした利用法を示す．三つとも，放射性プローブ（同位体標識したDNAのこと）の作製方法である．いずれもDNAポリメラーゼ反応によってデオキシリボヌクレオチドを取込ませる．このとき，放射性同位体のリン(^{32}P)をα位リン酸基にもつα-^{32}P-TTPを基質として使うことによって，複製されてできた二本鎖の中に^{32}Pが取込まれる．この放射性プローブは第12章で説明するハイブリッド形成法に用いられる．

(a)の**ニックトランスレーション**では，二本鎖DNAを鋳型とし，5′→3′エキソヌクレアーゼ活性をもつDNAポリメラーゼIを用いる．まず，Mg^{2+}の存在下でDNアーゼIを作用させ，片側の鎖にニック（ホスホジエステル結合の切断）を入れる．DNAポリメラーゼIはそこから5′→3′エキソヌクレアーゼ活性によってヌクレオチドの除去をしつつDNA複製反応を行っていく．

(b)の**ランダムプライマー標識法**では，一本鎖DNAを鋳型とし，ポリメラーゼとしてクレノウ断片を用いる．ランダムとはでたらめという意味で，完全にでたらめな配列をもつ短い一本鎖DNAの混合物がプライマーとして用いられる．ランダムプライマーはでたらめな配列なので，ある頻度で一本鎖の鋳型DNAに結合する．プライマーの両端は相補的でなくても結合する．クレノウ断片の3′→5′エキソヌクレアーゼ活性によって相補的でないヌクレオチドは除去される．その後，ポリメラーゼ活性によって新しいヌクレオチドが取込まれてDNA鎖が合成される．

(c)の**ヌクレオチド置換反応**では，3′→5′エキソヌクレアーゼ活性が強いT4 DNAポリメラーゼが用いられる．

このほか，第10章で説明するPCR反応では，反応中に温度を90℃以上に上昇させるため，高温で失活しない好熱菌のDNAポリメラーゼが用いられる．

4・6 逆転写酵素

DNAポリメラーゼの一種であるが，RNAを鋳型としてDNAの相補鎖を合成する酵素を**逆転写酵素**とよぶ．DNAを鋳型としてRNAを合成する反応が“転写”で，逆転写酵素はその逆を行う酵素という意味である．図4・9にその応用例を示した．逆転写酵素はmRNAを鋳型として相補的配列をもつDNAを合成するのに用いられる．“mRNAに相補的配列をもつDNA”を**cDNA**とよぶ．“c”は相補的(complementary）の略である．二本鎖DNAは常に互いに相補的配列をもつがこれをcDNAとよぶわけではない．mRNAに相補的配列をもつDNAとその二本鎖DNAに対してのみcDNAという名称が用いられる．

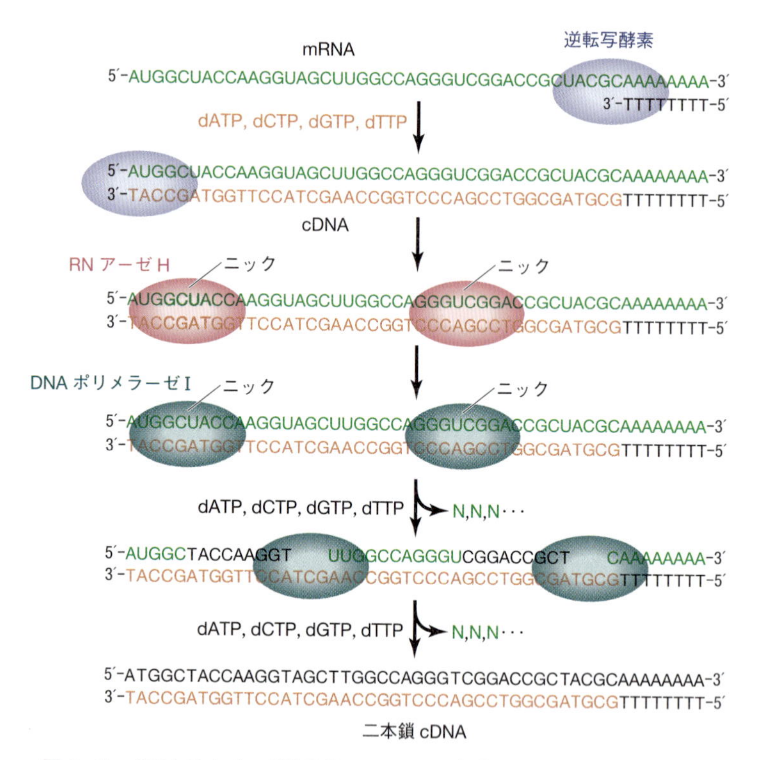

図4・9　cDNAの合成　真核生物mRNAの3′末端にはポリA配列がある．この配列に相補的なTを複数もつプライマーを結合させ，mRNAに相補的DNAを逆転写酵素で複製する．ついでRNアーゼHによってmRNAにニックを入れる．DNAポリメラーゼIの5′→3′エキソヌクレアーゼ活性によってmRNAを除去しながらcDNAの二本鎖目を合成する．

演習問題

4・1　エンドヌクレアーゼとエキソヌクレアーゼについて説明しなさい．

4・2　おもなヌクレアーゼの機能を説明しなさい．

4・3　ATPを含む溶液で次のDNAにDNAリガーゼを作用させるとどうなるか．

(a) 相補的粘着末端DNA

(b) アルカリホスファターゼ処理した平滑末端DNA

(c) ニックの入ったDNA

4・4 DNA ポリメラーゼの三つの活性を説明しなさい．

4・5 DNA 複製の様子を全原子で次のように描きなさい．塩基は AGCT の文字でよい．そのほかの描き方の注意は第2章の演習を参照すること．

(a) DNA 4 塩基対 8 ヌクレオチドから 2 ヌクレオチドを除去した構造を全原子表記で描く．どのヌクレオチドを除去するかをよく考えること．最初に重合するデオキシリボヌクレオシド三リン酸も全原子表記で描く．

(b) 4 塩基対 8 ヌクレオチドから 2 ヌクレオチドを除去した構造に，最初に重合するヌクレオチドが付加した結果を全原子表記で描く．それに次に重合するデオキシリボヌクレオシド三リン酸を全原子表記で描く．

(c) 4 塩基対 8 ヌクレオチドから 2 ヌクレオチドを除去した構造にヌクレオチドが二つ付加した構造を全原子表記で描く．

遺伝子工学の道具
プラスミドベクター

概要 遺伝子工学ではDNAを大腸菌細胞内で増幅する操作を行う．その道具としてプラスミドベクターとファージベクターが用いられる．プラスミドは裸のDNAで，大腸菌細胞内では負の超らせん構造をとっているが，その形状は試験管内で変化する．大腸菌の代表的プラスミドベクターpUC19にはいくつかの遺伝子があり，クローニングを効率的に行う仕組みがある．

重要語句 プラスミド，閉環状DNA，開環状DNA，直鎖状DNA，超らせん，pUCベクター，マーカー遺伝子，複製開始点（*ori*），多重クローニング部位（MCS），青白判定

行動目標
1. プラスミドの閉環状，開環状，直鎖状を説明できる．
2. pUCプラスミドの構造を書ける．
3. pUCプラスミドの遺伝子の説明ができる．
4. 青白判定の仕組みを説明できる．

5・1 ベクター

ベクターとは数学のベクトルと語源を同じくし，方向や乗り物を意味する単語である．遺伝子工学におけるベクターは，お客となるDNA断片を細胞内で複製し増幅する乗り物として用いられる．ベクターには**プラスミドベクター**と**ファージベクター**の2種類がある．

プラスミドとは，細胞内でゲノムとは別に複製・増殖するDNAのことである．遺伝子操作では環状のプラスミドが用いられる．プラスミドベクターは裸のDNAとして取扱われ，細胞内でもDNAとして複製・増殖する．プラスミドベクターは大腸菌に入れるだけで増殖し，ファージベクターに比べてDNAの長さが短いために取扱いも楽である．遺伝子操作のための工夫をこらしたさまざまなプラスミドベクターが開発されている．ファージは細菌に感染するウイルスで，自身のゲノムを細菌内に注入して増殖する．ファージベクターはファージゲノムを遺伝子操作用に加工したものである．詳細は第6章で説明する．

5・2　プラスミドの形状

さまざまな生物がプラスミドをもつが，遺伝子操作ではおもに大腸菌細胞中で増殖するプラスミドを用いる．大腸菌プラスミドは細胞内では環状 DNA だが，細胞外では閉環状 DNA，開環状 DNA，直鎖状 DNA の三つの形状をとる．**閉環状 DNA**（covalently closed circular DNA，cccDNA）は二本鎖が共有結合で環状になった DNA である．閉環状 DNA は大腸菌細胞中では負の**超らせん**（**スーパーコイル**）の状態をとる．**開環状 DNA**（open circular DNA，ocDNA）は，DNA 鎖にニック（切れ目）が入り，分子構造内部に力がかからないリラックスした状態である．さらに，プラスミドが二本鎖とも切断されると**直鎖状 DNA**（linear DNA）となる．

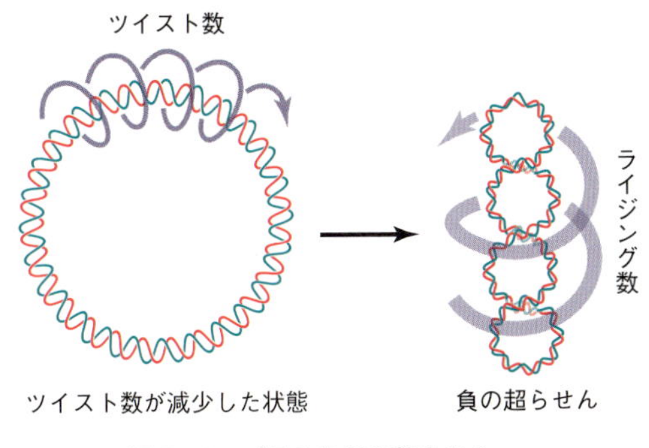

図5・1　プラスミドの超らせん

特に力のかからない状態では，DNA はある決まった回数のらせんを巻いている．DNA のらせん巻数を**ツイスト数**とよぶ．図5・1に，らせんと超らせんの関係を示す．プラスミドを切断して，ツイスト数を減少させるとプラスミドはストレスがかかった状態となる．再び共有結合させると，ストレスを解消するためツイスト数をもとに戻して，そのぶんプラスミド全体が8の字にねじれた構造となる．この構造を負の超らせんとよぶ．同様な操作で，反対にツイスト数を増加させると正の超らせん構造をとってツイスト数をもとに戻す．超らせんの8の字の交差回数を**ライジング数**とよぶ．ツイスト数とライジング数の和を**リンキング数**とよび，共有結合を切断しない限り一定となる．つまり，ストレスのかかった状態ではツイスト数の増減を解消するために，ライジング数を正あるいは負に変化させる．ライジング数が負の場合に負の超らせん，正の場合に正の超らせんとよぶ．これが超らせん形成の仕組みである．

DNA の構造を臭化エチジウムを用いて変化させることができる．臭化エチジウムは平面状の構造をもつ分子で，DNA の塩基対と塩基対の間にはまり込む（図5・2）．この現象を**インターカレーション**とよぶ．臭化エチジウムのインターカレーションで塩基対と塩基対の間隔が広げられて，DNA のらせん周期が広がり，ツイスト数が減る．これを利用してプラスミドの構造を変えることもできる（図5・3）．プラスミド(a)に DN アーゼ I でニックを入れると，プラスミドはストレスのない

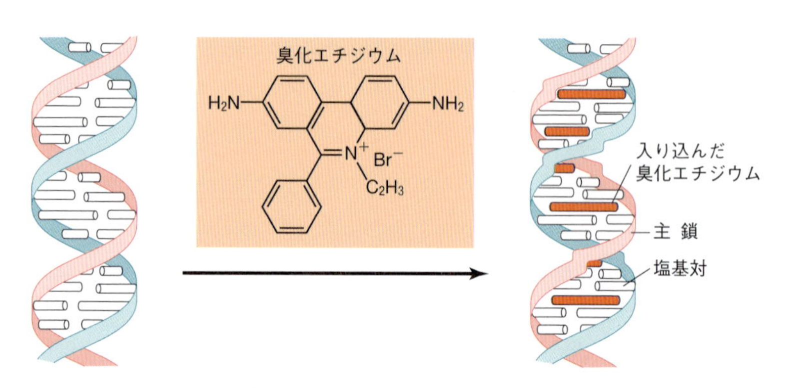

図5・2 臭化エチジウムのインターカレーション

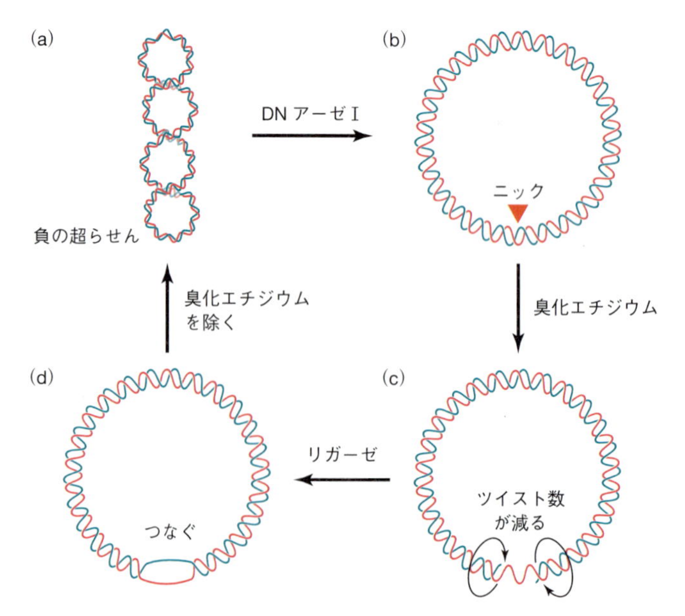

図5・3 臭化エチジウムを用いた負の超らせん

開環状 DNA となる(b)．臭化エチジウムを添加するとインターカレーションでツイスト数が減る(c)．DNA リガーゼでニックを閉じるとツイスト数の低下した状態で閉環状になる(d)．臭化エチジウムを取除くとツイスト数の低下した状態は不安定となるので，ライジング数を低下させ超らせんを形成して安定化する(a)．こうして閉環状 DNA は負の超らせん状態となる．

なお，インターカレートした臭化エチジウムはオレンジ色の蛍光を出すので，アガロースゲル電気泳動後の DNA 検出に用いられる．

5・3　プラスミドの密度勾配遠心

芳香環をもつ臭化エチジウム分子は水よりも軽いので，DNA は臭化エチジウムの結合によって軽くなる．臭化エチジウムの結合量は DNA の形状で異なる．開環状 DNA や直鎖状 DNA はリンキング数が変化可能なので，多数の臭化エチジウム分子が結合する．一方，閉環状 DNA は二本鎖とも共有結合していてリンキング数は変化できないため，臭化エチジウムはあまり結合できない．その結果，開環状や直鎖状 DNA は，閉環状 DNA に比べて軽くなる．この差を利用すると閉環状 DNA を精製することができる．

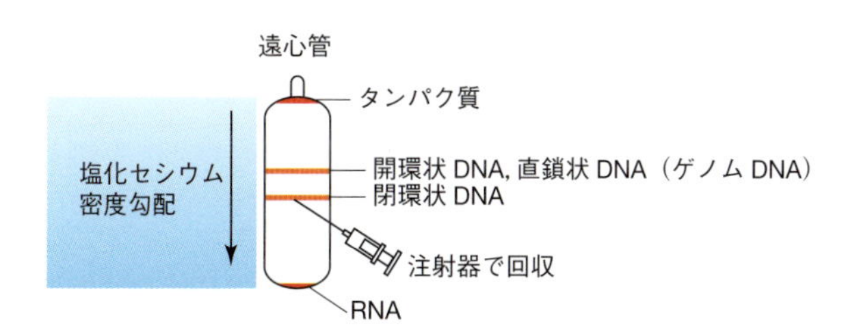

図 5・4　塩化セシウム密度勾配遠心を用いた閉環状 DNA の精製法　遠心力によってセシウムイオンが沈降して塩化セシウムの密度勾配ができる．タンパク質，開環状 DNA，直鎖状 DNA，閉環状 DNA，RNA は，臭化エチジウムの結合量の違いで密度が異なるため，遠心管内で分離する．

プラスミドを含む溶液に高濃度の塩化セシウムと臭化エチジウムを添加して，超遠心機で遠心力をかけると，原子番号の大きいセシウムイオンはイオン質量が大きいため遠心力によって沈降して塩化セシウムの密度勾配ができる．遠心管下部の溶液は密度が大きく，上部は密度が小さくなる(図 5・4)．臭化エチジウムの結合量の違いによって異なる密度となったプラスミドは，比重の同じ塩化セシウム密度の場所へ移動し分離する．閉環状 DNA を含む部分を注射器を用いて回収する．

なお，RNA も核酸であるが，一本鎖部分が多いため臭化エチジウムの結合量が少なく重いので遠心管の底に沈む．臭化エチジウムは核酸塩基対だけでなく，疎水性の領域にも結合する．タンパク質内部は疎水性が高いため臭化エチジウムが多数結合して軽くなり，タンパク質は遠心管の一番上に集まる．この方法はゲノム DNA や RNA，タンパク質などを取除き，プラスミドを純度高く精製する方法である．

5・4　プラスミドのアガロースゲル電気泳動

DNA の分離にはアガロースゲル電気泳動が用いられる（図 5・5）．アガロースは寒天の主成分で，寒天から精製したものが DNA 電気泳動に用いられる．DNA のリン酸基は負電荷をもっているため，電圧をかけると DNA はマイナス極からプラス極へ移動する．DNA の移動はアガロースゲルの網目によって妨げられるので，分子量の大きい（長い）DNA ほど移動速度が遅くなる．分子量のわかっている DNA の混合物をアガロースゲル中で電気泳動したものを**分子量マーカー**とよぶ．分子量未知の DNA 断片の移動距離を分子量マーカーと比べることで，DNA 分子量を推定することができる．

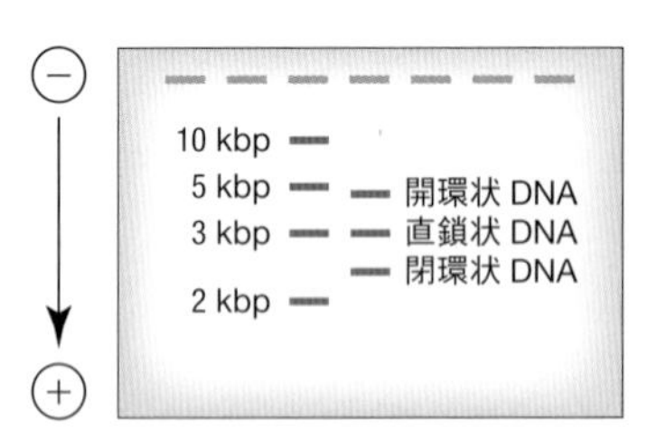

図 5・5　アガロースゲル電気泳動でのプラスミド DNA 移動度
プラスミドは閉環状，直鎖状，開環状 DNA の順で早く泳動する．左隣は分子量マーカーとなる DNA．

プラスミド DNA をアガロースゲル電気泳動すると，同じ分子量でも形状によって泳動距離が変わってくる．直鎖状 DNA は本来の分子量から予想される泳動速度で泳動する．閉環状 DNA は超らせん構造をとり，分子はねじれて小さな塊になっているため，実際の分子量より早く泳動する．逆に開環状 DNA はリラックスした状態で環状構造がアガロースの網目に引っかかりながら泳動するため，実際の分子量よりも遅く泳動する．この方法で取扱える DNA 量は少ないが，この方法は密度勾配遠心よりもはるかに簡便なのでプラスミドの分析に利用される.

5・5 プラスミドベクター

遺伝子操作用に開発されたプラスミドベクターには名前がついている. 代表的なプラスミドベクターとして **pUC19** がある. プラスミドの名前は小文字の p で始まるものが多い. これは plasmid の頭文字である. UC はほぼ同じ配列の一連のプラスミドに与えられた名称で, pUC19 はその一つということになる.

図 5・6 はプラスミドベクター pUC19 の構造を示したもので, プラスミドの遺伝子地図とよばれる. プラスミド DNA は環状なので, 円の上に書いた帯あるいは矢印で遺伝子を示してある. 矢印は遺伝子の転写方向である.

プラスミドは大腸菌細胞内で複製するための**複製開始点**(*ori*)を必ずもっている. そのほかの遺伝子も遺伝子操作の目的で利用される. たとえば, プラスミドを保持している細胞と, プラスミドを保持していない細胞とを区別するための**マーカー遺伝子**をもっている. マーカー遺伝子としては抗生物質耐性遺伝子がよく用いられ

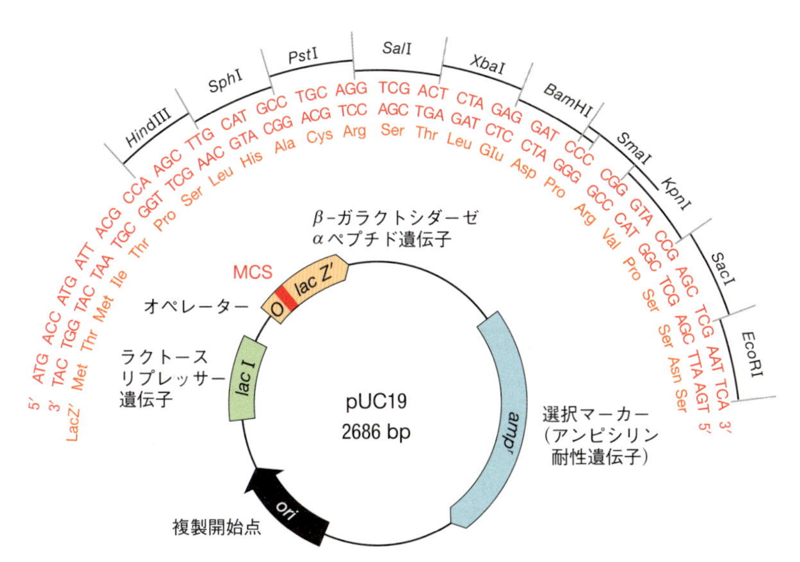

図 5・6 プラスミドベクター pUC19 の遺伝子地図 MCS (多重クローニング部位) の DNA 配列を図の上部に書き出してある. 2 本の DNA 鎖の上に多数の制限酵素部位 (クローニング部位) がある. この部位の DNA 配列は転写・翻訳されて α ペプチドとなる. 遺伝子はこの DNA 配列の左から右の方向に転写・翻訳される. 翻訳の結果できるアミノ酸配列を最下段に三文字表記で記載してある.

る．図5・6の *amp*r はアンピシリン耐性遺伝子である．*amp* は抗生物質のアンピシリン(ampicillin)の最初の3文字，肩の r は resistant の略で耐性であることを表している．*amp*r 遺伝子をもつ大腸菌は抗生物質のアンピシリンに耐性になる．大腸菌細胞はアンピシリンを含む培地中では増殖できない．しかし *amp*r 遺伝子を乗せたプラスミドをもっていると，アンピシリンを含む培地でも生育可能となる．つまり，アンピシリンを含む寒天培地の上でコロニーを形成させれば，多数の大腸菌細胞のなかからプラスミド保持細胞だけをコロニーとして選び出すことができる．

MCS は multiple cloning site(多重クローニング部位)の略である．クローニング部位とは，ベクター上で外来 DNA をつなぎ込む部位のことである．ベクターに外来 DNA をつなぎ込む際には，ベクター DNA を切断してそこに外来 DNA を結合する．もし，ベクターの複製に必要な配列を切断してそこに外来 DNA がつなぎ込まれてしまうと，ベクターを増やせなくなる．そこで，そういう問題が起こらない場所にクローニング用の制限酵素切断部位を仕込んである．また，ベクターが複数箇所で切断されてしまうと，その後の結合反応が厄介になる．そこで，ベクターを一箇所だけで切断する制限酵素をクローニングに用いる．遺伝子操作発展初期のベクターでは一つの制限酵素だけがこうした条件を満たした．しかし，現在では人工的にたくさんのクローニング部位を導入したベクターが作製されている．多数の制限酵素の切断部位を並べてあるので，多重クローニング部位とよばれる．

5・6　青 白 判 定

クローニングという作業は大変時間がかかるので，ベクターにはクローニングを効率よく行うための工夫がある．pUC19 には，クローニング部位に外来 DNA が組込まれたかどうかを見分ける仕組みがある．その仕組みには β-ガラクトシダーゼという酵素が利用されている（図5・7）．β-ガラクトシダーゼを人工的に二つの断片に分けると，それぞれの断片には酵素活性がないが，二つの断片が共存すると結合して活性を発現する．pUC19 には *lacZ′* 遺伝子があり，この遺伝子は β-ガラクトシダーゼの N 末端側断片である α ペプチドを発現する．一方，宿主となる大腸菌には *lacZΔM15* 遺伝子があるが，この遺伝子から発現した ω ペプチド*は N 末端近くに欠損があり，β-ガラクトシダーゼ活性をもたない．このペプチドに α ペプチドが共存すると β-ガラクトシダーゼ活性を示す．β-ガラクトシダーゼ活性によって培地に加えた X-gal（5-ブロモ-4-クロロ-3-インドリル-β-D-ガラクトピラノシド）が分解して青色の色素ができ，大腸菌のコロニーは青色になる．つまり，pUC プラスミドをもつ大腸菌コロニーは青くなる．

---

*　ω ペプチドという名称を採用しているが，本来の名は α アクセプタータンパク質．

lacZ' 遺伝子の発現はラクトースオペロンの仕組みを使って制御されている．これは，ラクトースがあるときにオペロンを発現する仕組みである．pUC19 の遺伝子操作では IPTG（イソプロピル-1-チオ-β-D-ガラクトシド）を用いて *lacZ'* 遺伝子を発現させる．IPTG はラクトースの類似体であるが代謝されない．プラスミドの *lacZ'* 遺伝子の前には *lac* オペレーター（図5・6の *O*）がある．*lac* オペレーターの直前にあるプロモーターに RNA ポリメラーゼが結合すると転写が起こり，α ペプチドが発現する．しかし，ラクトースリプレッサーが *lac* オペレーターに結合すると RNA ポリメラーゼの結合が抑えられ *lacZ'* 遺伝子の発現は抑制される．培地に IPTG を添加するとラクトースリプレッサーに IPTG が結合し，ラクトースリプレッサーは *lac* オペレーターから解離し，*lacZ'* 遺伝子の発現が誘導される．つまり，IPTG の添加で *lacZ'* 遺伝子を発現誘導することができる．*lacZ'* 遺伝子から α ペプチドが発現すると大腸菌 *lacZΔM15* 遺伝子から発現する ω ペプチドと結合してコロニーが青色になる．ここまでが，コロニーが青色になる仕組みである．

ところで，*lacZ'* 遺伝子の上流には MCS がある．MCS に外来 DNA 断片が結合

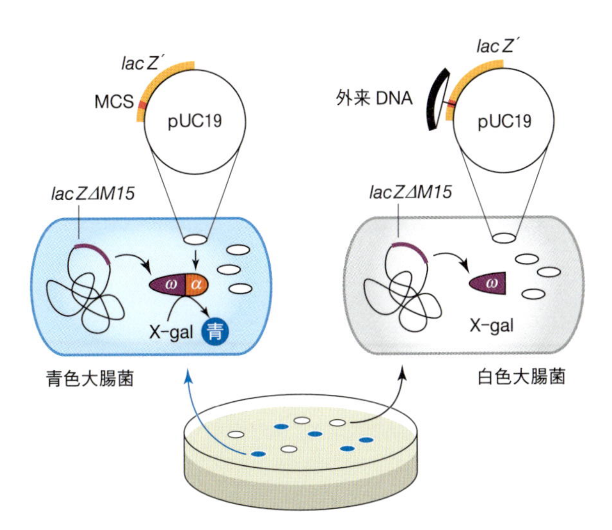

図5・7 大腸菌コロニーの青白判定 寒天培地にはアンピシリンと IPTG，X-gal を加える．大腸菌中プラスミド上の *lacZ'* 遺伝子から発現する α ペプチドは，大腸菌ゲノム DNA 上の *lacZΔM15* から発現する ω ペプチドと結合して β-ガラクトシダーゼ活性をもち，X-gal を分解して青色に発色する．一方，大腸菌プラスミドのクローニング部位(MSC)に外来 DNA が挿入されると(右側)，*lac Z'* 遺伝子が破壊されるために正常な α ペプチドは翻訳されない．β-ガラクトシダーゼ活性がないので，コロニーは白色となる．

すると，*lacZ'* 遺伝子の上流に余分な配列が挿入されてしまうことになる．正常な α ペプチドが合成されないため，β-ガラクトシダーゼの活性は発現しない．したがって，X-gal を含む培地でもコロニーの色は白色となる．つまり，MCS に外来 DNA 断片がうまく結合したプラスミドをもつ大腸菌は白色のコロニーとなる．

この仕組みによってプラスミドの MCS に DNA 断片が挿入されているかどうかをコロニーの色が青いか白いかで判別できるようになっている．これを**青白判定**とよぶ．プラスミドの遺伝子や試薬の説明を表 5・1 にまとめた．

表 5・1 pUC19 で用いられる遺伝子と試薬

lacI 遺伝子	ラクトースレプレッサー遺伝子，*lacZ'* の発現を抑える遺伝子．
lacO	ラクトースオペレーター，*lacZ'* 遺伝子の発現を制御する．
lacZ' 遺伝子	α ペプチド（β-ガラクトシダーゼの N 末端断片）を発現する遺伝子．
lacZΔM15 遺伝子	ω ペプチド（β-ガラクトシダーゼの C 末端断片）を発現する遺伝子．
$\alpha\omega$ 複合体	β-ガラクトシダーゼ活性をもち X-gal を分解して青色に発色させる．
MCS	多重クローニング部位で，クローニング部位が複数並んでいる．MCS に DNA 断片が挿入されると α ペプチドが不活化しコロニーは白色となる．
amp^r 遺伝子	アンピシリン耐性遺伝子．プラスミド保持大腸菌をアンピシリン耐性にする．
ori	Origin の略で，複製開始点．ORI と略記される場合もある．
IPTG	ラクトース類似分子，ラクトースリプレッサーを不活化して *lacZ'* 遺伝子を発現する．

5・7 核酸の精製

ベクターを取扱うには，ベクター DNA の精製が必要である．まず DNA 精製の一般的方法と試薬の説明をする．DNA は酸に弱く，酸性で *N*-グリコシド結合が切断される．アルカリ性では共有結合は安定だが DNA 二本鎖は解離する．中性では DNA 二本鎖構造も共有結合も安定である．また，ほこりなどから DNA 分解酵素が混入する可能性があるので，DNA は，分解酵素を阻害する EDTA 存在下，中性で取扱われる．

5・7・1 細胞破砕

DNA は多くの場合細胞から調製するので，最初に細胞を破砕する必要がある．細胞の破砕方法としては以下のような方法が用いられる．

1) 機械的方法: 食品用ミキサー, ジューサー, 細胞破砕装置(ポリトロン), 凍結融解など.
2) 酵素的方法: 細胞壁を酵素で消化する. 細菌のペプチドグリカンはリゾチーム, 植物のセルロースはセルラーゼ, 酵母の細胞壁はチモリアーゼで消化する.
3) 界面活性剤: 細胞壁をもたない培養細胞などは, SDS (ドデシル硫酸ナトリウム), *N*-ラウロイルサルコシンナトリウムなどの界面活性剤で処理すると細胞膜が破壊される.

5・7・2 核酸精製試薬と処理

核酸精製の処理を行うために以下のような試薬が用いられる.

1) タンパク質除去: プロテイナーゼKによるタンパク質分解, フェノールによるタンパク質変性と除去, クロロホルムとイソアミルアルコール混合液によるタンパク質変性と除去.
2) DN アーゼの阻害: 細胞中に含まれる DN アーゼを阻害するため EDTA (エチレンジアミン四酢酸) や SDS が用いられる. EDTA は二価金属イオンをキレートして DN アーゼを阻害する. SDS は DN アーゼを変性して阻害する.
3) エタノール沈殿: 塩の存在下でエタノールを加え, 70%エタノール溶液にすると DNA の溶解度が下がり DNA が沈殿する. 最も一般的に行われる DNA の濃縮と脱塩操作である.
4) PEG(ポリエチレングリコール)沈殿: ポリエチレングリコールを用いて DNA を凝集させて沈殿する. 比較的高濃度の DNA の高純度精製に用いられる.
5) ガラスミルク吸着, シリカゲル吸着: 特殊なガラスの粉やシリカゲルは核酸を吸着する. 比較的簡単な操作で純度の高い核酸を得ることができる.
6) 陰イオン交換樹脂 (DEAE): tRNA や rRNA など核酸 (特に RNA) を種類ごとに精製する場合に用いられる.

5・7・3 プラスミド調製法

プラスミドも核酸なので一般的な核酸調製法に準じて調製可能である. プラスミドが比較的小型の環状 DNA である点を利用して簡便な調製法が考案されている. なかでもアルカリ溶菌法という方法が最もよく使われている. アルカリ溶菌法の手順を以下に示す.

① 集　菌: プラスミド保持大腸菌の培養液を遠心機で分離し集菌する.
② 懸　濁: EDTA を含む pH 緩衝液に菌を懸濁する. (粒子を液中に分散させるこ

とを懸濁という）

③ アルカリ処理：高濃度の界面活性剤(SDS)とアルカリを含む液で溶菌させる．タンパク質は変性し，DNAは一本鎖に解離する．

④ 中　和：高濃度の酢酸緩衝液で中和し高塩濃度にする．ゲノムDNAとタンパク質はSDSと共に凝集沈殿するが，プラスミドDNAやRNAなどの低分子量核酸は水溶液中に残る．

⑤ 追加処理をする場合：通常のプラスミド調製法では④の後すぐにエタノール沈殿を行うが，プラスミドの純度を高めたい場合には追加の処理を行う．タンパク質を除去するためのプロテアーゼ処理，RNAを除去するためのRNアーゼ処理，DNAの純度を高めるためのガラスミルクやシリカゲルを用いた精製や陰イオン樹脂を用いた精製などを必要に応じて行う．

⑥ エタノール沈殿：最後に濃縮と脱塩を兼ねてエタノール沈殿を行い，低濃度のEDTAを含む溶液に溶解する．

演習問題

5・1　閉環状DNA，開環状DNA，直鎖状DNAを説明しなさい．

5・2　pUCプラスミドの構造を書きなさい．

5・3　pUCプラスミドの遺伝子と遺伝因子の説明をしなさい．

5・4　以下のような試薬の組合わせとプラスミドの有無でできる大腸菌コロニーの色を白または青で記入しなさい．コロニーができない場合は－の記号を記入しなさい．ただし，宿主大腸菌は*lacI*遺伝子と*lacZΔM15*遺伝子をもちωペプチドを生産している．pUCプラスミドはamp^r遺伝子と*lacI*, *lacZ′*遺伝子をもち，*lacZ′*遺伝子の5′末端にはMCS（多重クローニング部位）がある．DNA断片はここにクローニングされた．

プラスミドの有無	アンピシリンの有無	IPTGなし		IPTGあり	
		X-gal なし	X-gal あり	X-gal なし	X-gal あり
プラスミドなし	な　し				
	あ　り				
pUC（DNA断片なし）を保持	な　し				
	あ　り				
MCSにDNA断片が結合したpUCを保持	な　し				
	あ　り				

6 遺伝子工学の道具
M13 ファージとλファージ

概要 大腸菌ファージはゲノム DNA がタンパク質（および脂質）の殻に包まれた粒子で，大腸菌に感染して大腸菌の遺伝の仕組みを利用して増殖し，大腸菌細胞外に放出される．大腸菌の遺伝子操作では，M13 ファージとλファージが代表的なファージベクターとして用いられている．ファージベクターを用いるためには，ファージの増殖の仕組みを理解しておく必要がある．

重要語句 M13 ファージ，λファージ，ローン，プラーク，溶菌，溶原化，*cos* 部位，パッケージング

行動目標
1. ファージがつくるプラークの説明ができる．
2. M13 ファージの増殖の仕組みを説明できる．
3. λファージの溶菌サイクルと溶原サイクルを説明できる．

6・1 ファージ

ファージは DNA がタンパク質（および脂質）の殻で包まれた粒子である．プラスミドでの形質転換は特別の操作が必要なのに対し（第 9 章参照），ファージはただ混ぜるだけで大腸菌細胞に感染する．ファージは大腸菌に感染すると，大腸菌の仕組みを利用してファージゲノム DNA を複製しファージ粒子を形成，大腸菌細胞外へファージ粒子を放出する．ファージのゲノムにはそのための情報が保持されている．ファージをベクターとして利用するためには，ファージの増殖の仕組みを知っておくことが必要となる．遺伝子操作で利用されるファージにはいくつかあるが，代表的なものとして **M13 ファージ**と**λファージ**を取上げる．この二つのファージの増殖の仕組みを理解しておけば，それ以外のファージに関しては必要となったときに調べれば十分理解できる．

6・2 ファージの構造

図 6・1 に代表的なファージの構造を示した．正二十面体構造はファージによくみられる構造で，タンパク質が重合して殻が形成される．正二十面体に尾部をもつファージや，尾部にさらに微繊維をもつものもある．繊維状ファージは正二十面体

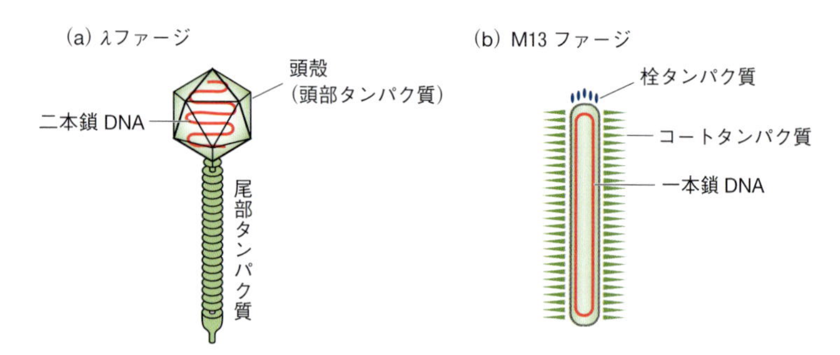

図6・1　代表的なファージの構造　(a) 尾部をもつ正二十面体ファージ．(b) 繊維状ファージ．

のファージとはかなり異なる構造をしている．

6・3　ファージのプラーク形成

ファージが感染する大腸菌を，宿主大腸菌あるいは単に宿主菌とよぶ．ファージを検出するためには，希釈したファージ液を宿主菌と混合して感染させ，軟寒天(低濃度の寒天)と混合して支持寒天の上に薄く固める．数時間培養すると大腸菌は軟寒天一面に薄茶色に増殖する．これは大腸菌の**ローン**（芝生の意味）とよばれる．その中に，ファージが感染して，周りよりも透明度の高い部分ができる（図6・2）．これを**プラーク**とよぶ（プラークとはもともと病斑のことをさす）．宿主菌はプラークを検出するために用いるので，指示菌，インジケーターともよばれる．

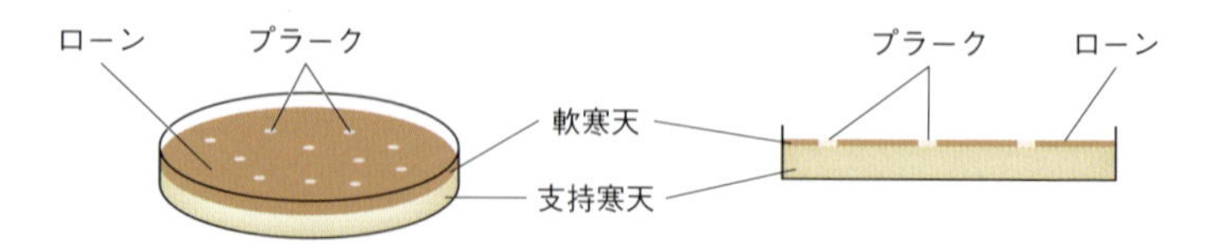

図6・2　ファージのプラーク形成

6・4　M13 ファージ

M13 ファージは繊維状ファージの一種であり，ごく近縁の fd ファージや f1 ファージとともに Ff ファージともよばれる．ゲノムは一本鎖環状 DNA である．現在では M13 ファージそのものが使われることはほとんどなくなったが，M13 ファージの遺伝因子がベクターの一部として利用されているので，増殖の仕組みは理解しておく必要がある．

6・4・1　M13ファージの増殖サイクル

M13ファージは大腸菌のもつF線毛から大腸菌に感染する．M13ファージが感染して細胞内で複製しても宿主菌を殺すことはない．しかし感染した場所の大腸菌の生育が遅くなるので，周囲より大腸菌密度の薄い部分ができ，半透明のプラークとなる．プラークが半透明であるというのはM13の特徴で，次に説明するλファージは透明なプラークを形成する．図6・3にM13ファージの増殖サイクルを示す．

① M13ファージは大腸菌のF線毛に結合して環状一本鎖ゲノムDNAを細胞内に注入する．
② 細胞内に入った一本鎖DNAは大腸菌の仕組みを利用して二本鎖DNAとなる．
③ 二本鎖となったファージDNAは複製を繰返し，多数のファージDNAが細胞内に蓄積する．同時に，ファージの構成タンパク質が合成される．
④ ローリングサークル方式によってファージ一本鎖DNAが合成される．
⑤ ファージのDNA結合タンパク質がファージ一本鎖DNAの複製開始点を認識して一本鎖DNAを環状に切り取る．
⑥ 環状一本鎖DNAは大腸菌細胞膜上でコートタンパク質をまとい，大腸菌細胞膜を傷つけずに大腸菌細胞外に放出される．

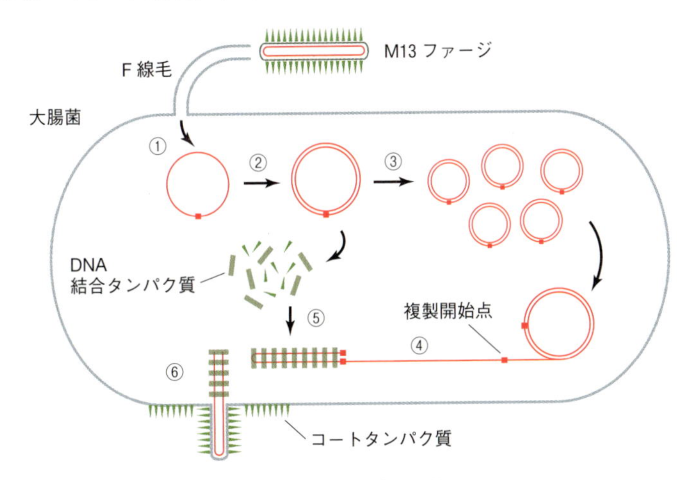

図6・3　M13ファージの増殖サイクル

6・4・2　M13ファージの取扱い

M13ファージを液体培地で培養する際にはまず，宿主大腸菌を培養する．宿主大腸菌が対数増殖期後期（§8・4・1参照）になったとき，宿主菌にファージ液を添加する（図 6・4）．ファージは宿主菌に感染して細胞内で増殖し，細胞外へ放出されたファージは未感染の宿主細胞に感染する．感染した細胞の分裂速度は遅くなるが，溶菌することはなく，ファージを放出しつつ細胞増殖も続ける．

適当な時間後に，遠心機で遠心分離を行い大腸菌細胞を沈殿させると，上清にはファージ粒子が残る．上清に PEG（ポリエチレングリコール）を添加すると，ファージが凝集する．それを遠心機で沈殿させ，沈殿を適当な溶液に懸濁してファージを回収する．ファージ液をフェノールで処理してタンパク質を取除けば，M13 一本鎖 DNA が回収される．一方，培養液を遠心して得られた沈殿に含まれる細胞には，増殖途中の M13 ファージの二本鎖環状 DNA が含まれる．この二本鎖環状 DNA はプラスミドと同じ方法で精製でき，M13 ファージの遺伝子操作をする際に用いられる．つまり，M13 ファージは一本鎖 DNA ゲノムと二本鎖 DNA ゲノムの両方を調製できる．

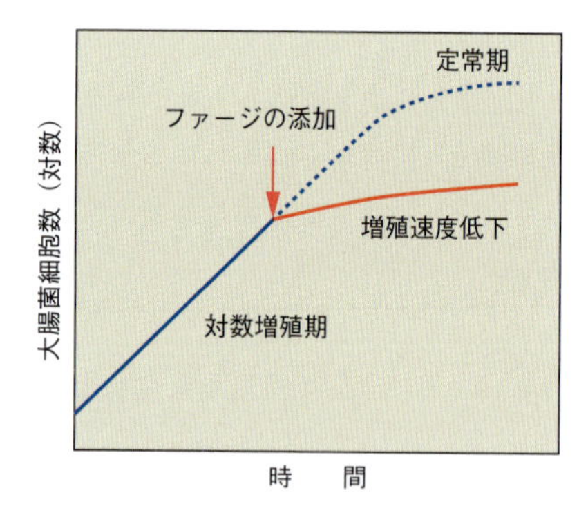

図 6・4　大腸菌増殖速度と M13 ファージの感染　大腸菌に M13 ファージを感染させると，増殖速度が遅くなる．

6・5　M13 ファージベクター

プラスミドと同様に，ファージベクターにも名前がついている．図 6・5 は代表的な M13 ファージベクターである M13mp18 の遺伝子地図である．mp シリーズの M13 ファージベクターの 18 番という意味である．M13 ゲノム DNA はプラスミドに比べて大きく，遺伝子の数も多い．DNA の形は環状で，遺伝子は対応する領域の内側に記載してある．ローマ数字が遺伝子の番号である．これらの遺伝子はファージ粒子を構成するタンパク質などファージ増殖に必要なタンパク質の遺伝子である．複製開始点（*ori*）にはプラスとマイナスの二つの方向のそれぞれに向けた開始点がある．*ori*はIGと記載されている場合もある．IG（inter genic）は“遺伝子の間”という意味で，研究初期にファージDNAのこの領域に遺伝子がないのでこうよばれた．後に複製開始点であることがわかったが，まだIGとよばれることがある．

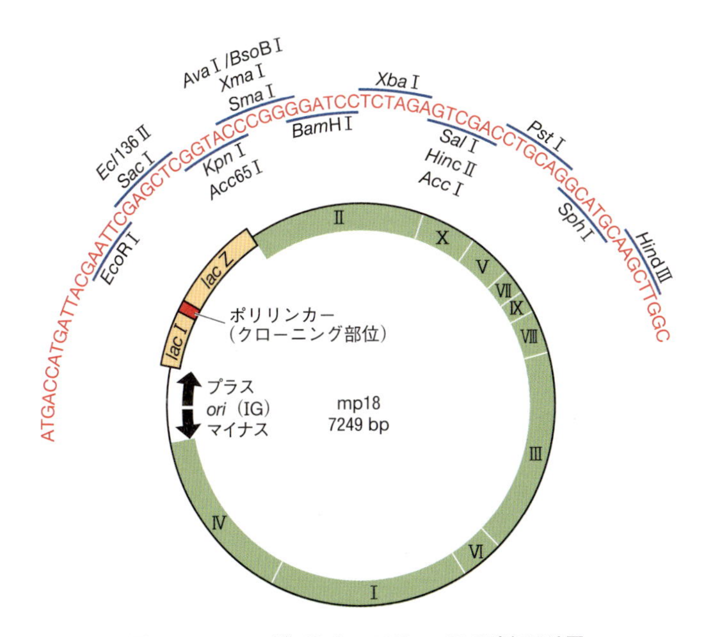

図6・5　ファージベクター M13 mp18 の遺伝子地図

M13mp18ファージゲノム中には*lacI*遺伝子，*lacZ′*遺伝子がある．*lacZ′*遺伝子αペプチドのN末端側には，ポリリンカーがある．ポリリンカーはMCSの別名である．リンカーは制限酵素認識配列DNAのことで，リンカーを多数配置してあるので多数を意味する“ポリ”がついている．ポリリンカーの配列とそこに配置されている制限酵素認識部位が図の上部に記載されている．*lacI*遺伝子，*lacZ′*遺伝子，ポリリンカーはpUC19プラスミドと同じように青白判定に用いられる．すなわち，ポリリンカーにDNAがクローニングされたM13ファージベクターのプラークは白色半透明，DNAがクローニングされていないM13ファージベクターのプラークは青色半透明となる．プラスミドの場合にはコロニーの色の違いとなったが，ファージの場合にはプラークの色の違いとなる．

6・6 λファージ

遺伝子操作でファージを使うことは減ってきているが，λファージはまだ使われるファージの一つである．**λファージ**は大腸菌細胞にゲノム DNA を注入すると，大腸菌の遺伝の仕組みを利用して，ファージゲノム DNA の複製とファージタンパク質の転写翻訳を行い，多数の娘ファージを細胞内に蓄積する．最後にファージリゾチームによって大腸菌細胞壁を分解し，細胞を破壊して娘ファージが細胞外に放出される．このように溶菌して細菌を殺すファージを溶菌ファージ（ビルレントファージともよばれる．ビルレントは毒性の意味）とよぶ．λファージは溶菌ファージの一種である．これはλファージと M13 ファージで異なる点の一つである．

6・6・1 λファージの溶菌サイクル

細胞壁を溶かして細胞の外に放出される過程を**溶菌**とよび，溶菌してλファージが増殖するサイクルを溶菌サイクルとよぶ（図 6・6）．λファージゲノムは 48.5 kbp の二本鎖環状 DNA で，*cos* 部位（コス部位）で切断された直鎖状で頭殻に収納されている．

① λファージは大腸菌表面にあるマルトース受容体に結合し，DNA を大腸菌細胞内に注入する．λファージ DNA は *cos* 部位で結合して環状となり，大腸菌の遺伝の仕組みを利用して複製する．

② λファージ DNA はまず θ 型の複製により増幅する．同時に DNA 上にある遺伝子の転写・翻訳が起こり，ファージの頭殻や尾部を形成するタンパク質が合成さ

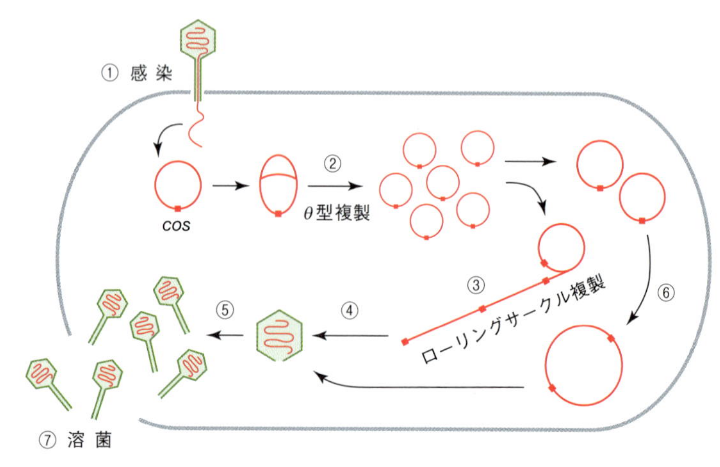

図 6・6 λファージの溶菌サイクル

れる（図では省略）.

③ ついでローリングサークル方式の複製によっていくつものλファージDNAがつながったコンカテマー二本鎖DNAが合成される.

④ 二つの*cos*部位に挟まれたDNA領域が頭殻に収納される.

⑤ 尾部が頭殻に結合してファージが完成する.

⑥ 環状DNAが二つ結合して二つの*cos*部位ができたDNAもファージ頭殻に収納されてファージとなる.

⑦ ファージは溶菌酵素（リゾチーム）によって細胞壁をやぶり細胞の外に放出される．この過程で大腸菌は溶菌し死滅する.

宿主細胞の中で，*cos*部位で結合して環状となったλファージDNAはθ型の複製をする（図6・7a）．複製開始点から両方向に複製フォークが進行すると複製途

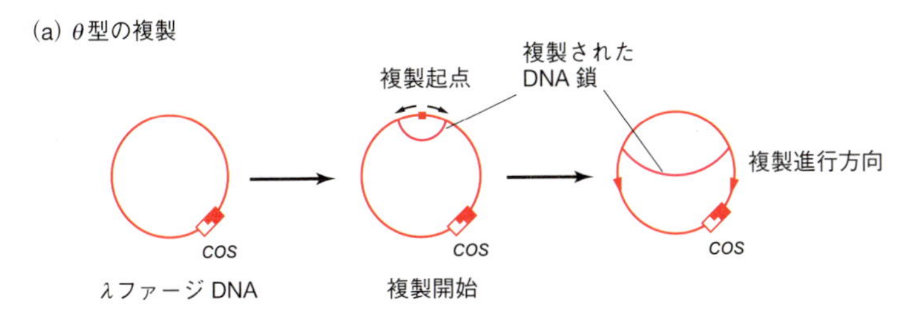

図6・7 λファージDNAの複製

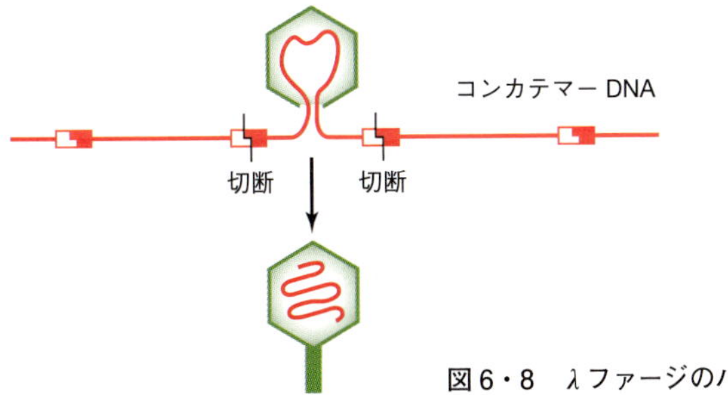

図6・8 λファージのパッケージング

中の DNA 鎖がギリシャ文字の θ の形になるので θ 型複製とよばれる．ファージ感染の後期になると複製は θ 型からローリングサークル方式の複製（図 6・7b）に移行する．ローリングサークル方式の複製では，環状 DNA の一方の DNA 鎖を鋳型としてリーディング鎖を合成し，それにラギング鎖が合成されて，二本鎖 DNA のコンカテマーとなる．M13 ファージがローリングサークルで一本鎖 DNA を合成するのに対し，λファージは二本鎖 DNA を合成する．二つの *cos* 部位に挟まれた DNA 領域が頭殻に収納される（図 6・8）．この過程は**パッケージング**（包み込むという意味）とよばれる．

6・6・2 λファージの溶原サイクル

λファージは条件によっては，細胞内に注入したファージゲノムを大腸菌ゲノムの中に取込ませる．この過程をファージの**溶原化**とよぶ．溶原化して大腸菌ゲノムに取込まれたファージゲノムを**プロファージ**とよぶ．プロファージの遺伝子は発現せず，ファージ粒子の形成も大腸菌の溶菌も起こらない．プロファージは**溶原サイクル**で大腸菌ゲノムとともに複製され，大腸菌の分裂とともに娘細胞に受け継がれていく．

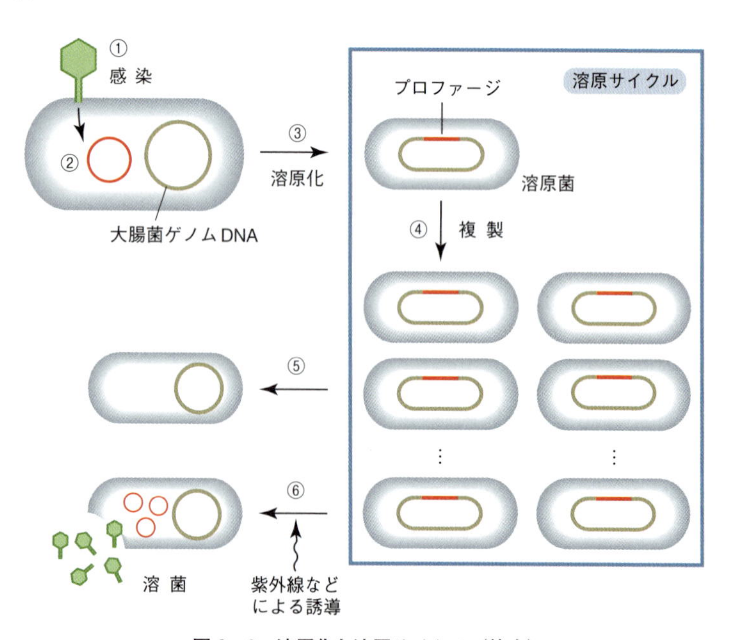

図 6・9　溶原化と溶原サイクル（枠内）

図6・9に溶原化と溶原サイクルを示す.

① λファージが宿主菌にファージゲノムを注入する.

② 直鎖状ゲノムDNAは*cos*部位で結合して環状となる.

③ 環状となったファージゲノムは大腸菌のゲノムに組込まれ溶原化する.

④ プロファージを保持する大腸菌（溶原菌）は，正常な大腸菌と同様に複製，増殖する．これが溶原サイクルである.

溶原菌はプロファージを失って正常な非感染菌に戻る場合もある（⑤）．紫外線などの誘導因子によって，プロファージは大腸菌ゲノムDNAから切出されて環状ファージゲノムとなり，溶菌サイクルに入る（⑥）．これを誘導とよぶ．つまり，λファージは溶菌サイクルと溶原サイクルの両方をとる．λファージが溶菌サイクルに入るか溶原サイクルに入るかはファージの種類と宿主の種類に依存しており，遺伝子工学ではλファージの二つのサイクルを目的に応じて使い分ける.

6・6・3 λファージの遺伝子地図

図6・10はλファージの遺伝子地図である．λファージはM13ファージよりもさらに多くの遺伝子をもっている．リプレッサー領域から通常は右オペロン，左オ

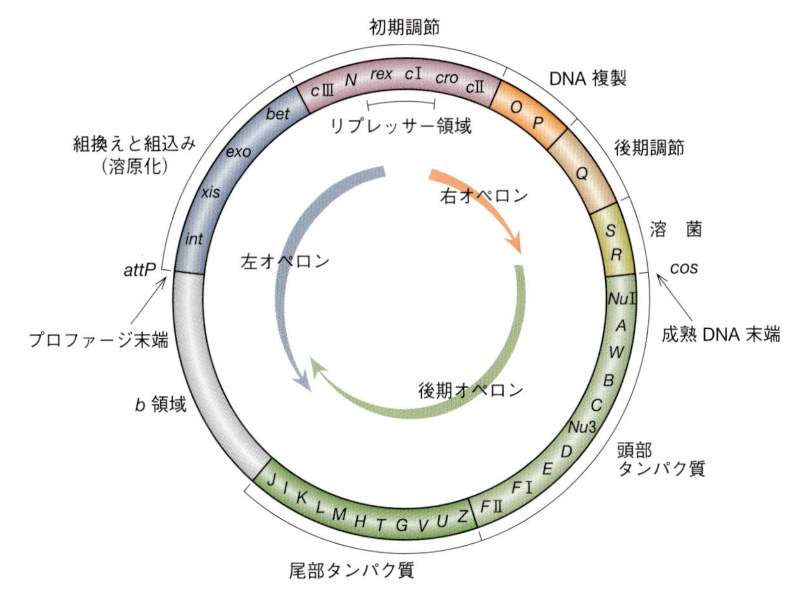

図6・10 λファージ（48.5 kbp）の遺伝子地図

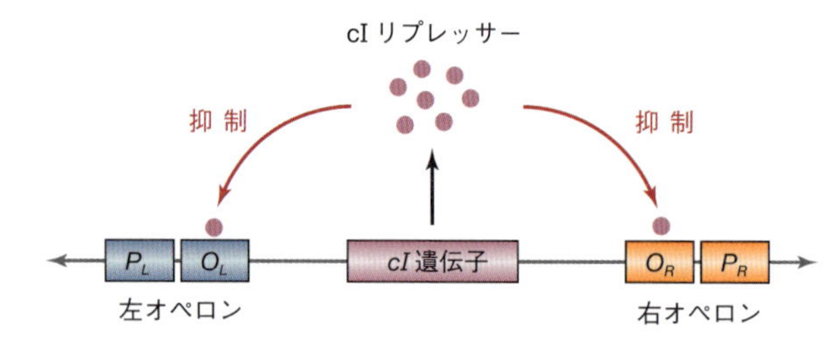

図 6・11　λ ファージの初期 mRNA の cI リプレッサーによる抑制

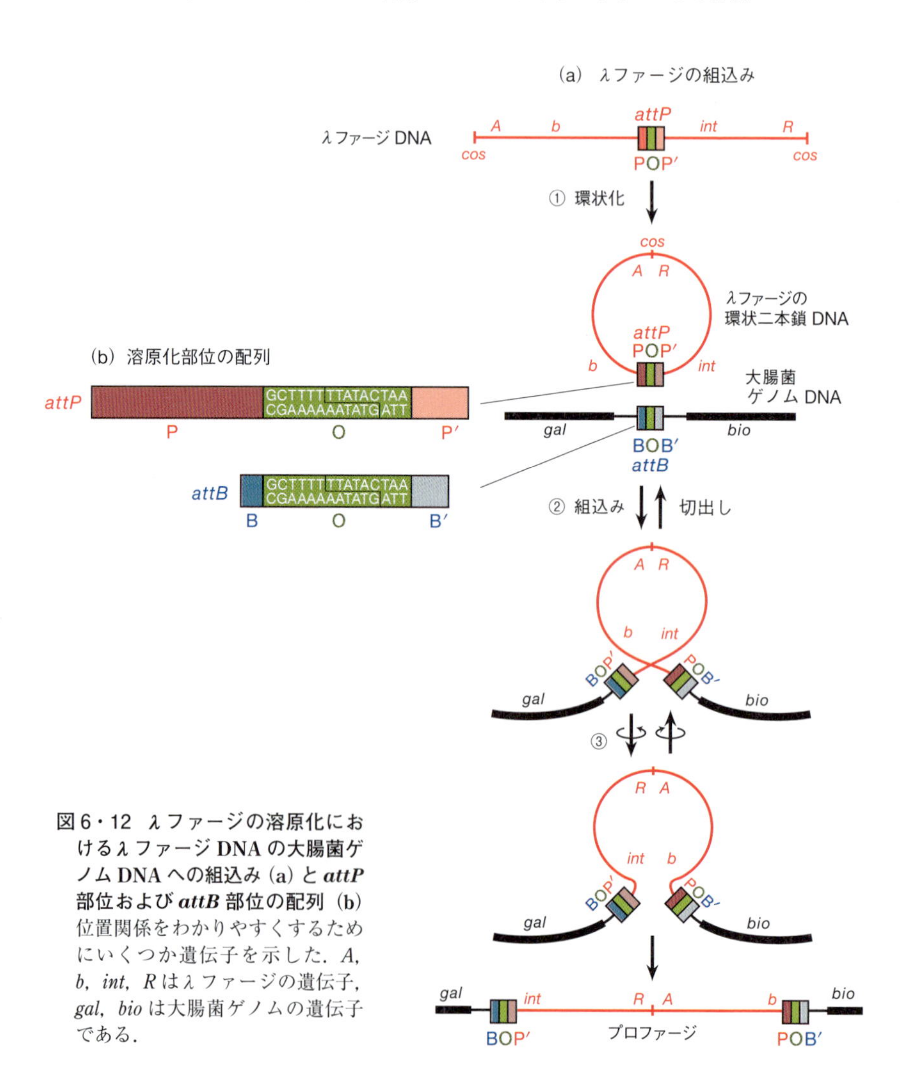

図 6・12　λ ファージの溶原化における λ ファージ DNA の大腸菌ゲノム DNA への組込み (a) と *attP* 部位および *attB* 部位の配列 (b)　位置関係をわかりやすくするためにいくつか遺伝子を示した．*A*, *b*, *int*, *R* は λ ファージの遺伝子，*gal*, *bio* は大腸菌ゲノムの遺伝子である．

ペロンの転写が起こるが，溶菌サイクルでは溶原化に必要な *int* 遺伝子部分は破壊され翻訳されない．溶菌サイクルに必要なタンパク質は転写・翻訳され，ファージゲノム DNA の複製とファージ粒子の形成が起こり，溶菌に至る．一方，cI リプレッサーが右オペロンと左オペロンの転写を抑制し（図 6・11），*int* 遺伝子が別のプロモーターから転写されると溶原化が起こる．

溶原化するゲノム上の部位は決まっている．大腸菌ゲノムの溶原化部位は *attB* 部位，λファージの溶原化部位は *attP* 部位とよばれ，図 6・12(b)のような配列をもっている．*att* は付着を意味する attach，*B* は bacteria，*P* は phage の頭文字である．P，O，P′ と B，O，B′ は *attP* 部位と *attB* 部位を構成する配列を表す記号である．制限酵素の粘着末端のように，*attP* 部位と *attB* 部位が切断されると互いに相補的な粘着末端ができてつなぎ替えが起こる．図 6・12(a)のようにλファージ DNA が大腸菌ゲノム DNA に組込まれる．

① λファージゲノムは *cos* 部位で結合して環状化する，
② POP′ が BOB′ とつなぎ替わり，BOP′ と POB′ になる．
③ 図でλファージを 180 度回転させて両側に引っ張ると，大腸菌ゲノム DNA にλファージゲノム DNA が組込まれた様子が遺伝子の並び順からわかる．ファージの誘導では，この逆の反応が進行する．

演習問題

6・1 M13 ファージとλファージのプラークを説明せよ．
6・2 M13 ファージとλファージの共通点を 5 個あげよ．
6・3 M13 ファージとλファージの相違点を 10 個あげよ．

遺伝子工学の道具
λファージベクターと複合ベクター

概要 λファージベクターは，おもに大腸菌を溶菌増殖させて用いられる．λファージベクターを *in vitro* パッケージングという方法でファージ粒子とし，大腸菌に感染させる．λファージやM13ファージそれにプラスミドの遺伝因子を利用して，さまざまな複合ベクターが開発されている．クローニングをいかに容易に行うかという工夫がある．

重要語句 MOI，pfu，cfu，*in vitro* パッケージング，複合ベクター，ファージミド，ヘルパーファージ，ファズミド，*in vivo* 切出し，コスミド

行動目標
1. MOI，pfu，cfu の意味を説明できる．
2. ヘルパーファージの仕組みを説明できる．
3. λZAP II の使用法を説明できる．

7・1 λファージの取扱い

細菌の細胞は対数増殖期（§8・4・1参照）に最も盛んに代謝を行っている．ファージは大腸菌の盛んな代謝活動を利用して複製と増殖を行う．しかしλファージの感染が起こると，大腸菌細胞そのものはもはや分裂しない．したがって，感染させるまでに十分な大腸菌細胞数にしておくことがλファージを多数増殖させるために必要な条件となる．そこで，液体培地でλファージを増殖させる場合には，対数増殖期の後期にファージを感染させる．

λファージ感染では，感染させるファージ粒子の大腸菌細胞あたりの数が重要である．その比率は **MOI**（multiplicity of infection 感染多重度）とよばれ MOI=pfu/cfu で計算される．ここで **pfu** は plaque forming unit（プラーク形成単位）の略で，溶液中のファージの数のことである．図6・2のようにプラークを形成させてファージの数を数えることからこうよばれる．pfu はファージ粒子の実際の数ではなく，大腸菌細胞への感染効率も考慮された数になる．同様に **cfu** は colony forming unit（コロニー形成単位）の略で，大腸菌を寒天培地の上で培養して形成されるコロニーの数である．こちらも，増殖可能な細胞の数を表している．ファージを増殖させるときに適切な MOI はファージの種類ごとに異なり，また実験の目的によっても異なる．あらかじめ cfu と pfu を測定して，適切な MOI で実験を行う．

7・2　λファージベクターでのクローニング操作

図7・1にλファージベクターを用いたクローニングの概略を示す．λファージベクターの両末端には*cos*部位が切断された1/2cos部位が付いている．

①λファージベクターのクローニング部位を制限酵素で切断する．左右二つのファージ断片は左腕，右腕とよばれる．
② 左右の腕と外来DNAを結合する．ファージDNAの左腕右腕と外来DNAが交互につながったコンカテマーとなる．
③ 二つの隣り合った*cos*部位を認識して，頭殻にファージDNAが詰め込まれる(パッケージング)．
④ パッケージングされて出来上がった粒子はファージ粒子として大腸菌に感染するのでプラークとしてファージを単離することができる．

クローニングでは，パッケージングを大腸菌内ではなく試験管内で人工的に行う(***in vitro* パッケージング**とよぶ．vitroはガラスの意味で，*in vitro*はガラス内すなわち試験管内を意味する)．この操作にはパッケージングエクストラクトとよばれ

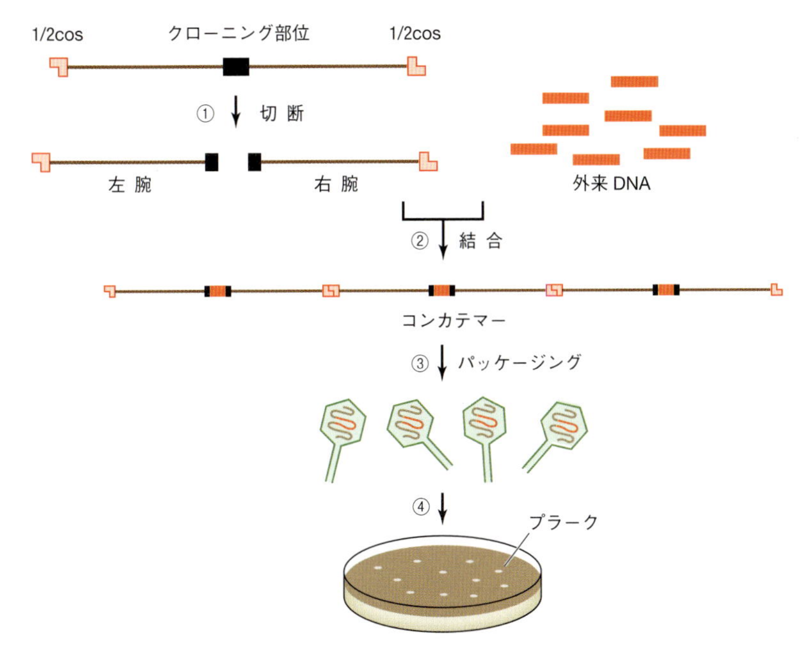

図7・1　λファージベクターでのクローニング

る溶液を用いる．パッケージングエクストラクトにはファージを構成するタンパク質がすべて含まれている．パッケージングには長さの制約がある．*cos* 部位から次の *cos* 部位までの距離が野生型λファージ DNA の長さ（48.5 kbp）の 78〜105％である場合，つまり二つの *cos* 部位の間の距離が 38〜52 kbp のとき，*cos* 部位から次の *cos* 部位までがパッケージングされる．二つの *cos* 部位の間隔がそれより短くても長くてもパッケージングされない．

7・3　初期のλファージベクター

図 7・2 に初期に用いられたλファージベクターを示す．ベクターには遺伝子操作を容易に行うためのさまざまな工夫がある．プラスミドでは，抗生物質の入った培地で培養することで，プラスミドをもつ大腸菌だけを生育させる．ファージベクターの場合には，ファージがある場所はプラークとなる．プラスミド pUC19 では，外来 DNA がクローニングできたかどうかを青白判定で判別した．λgt11 ベクターも同じ原理で青白判定が可能で，外来 DNA がクローニングされたかどうかをプラークの色で見分けることができる．*lacZ* 遺伝子にはクローニング部位 *Eco*RI が一つあり，ここに外来 DNA が挿入されると β-ガラクトシダーゼ活性を失い無色透明のプラークになる．挿入されていない場合には培地に X-gal があれば青色透明のプラークになる．

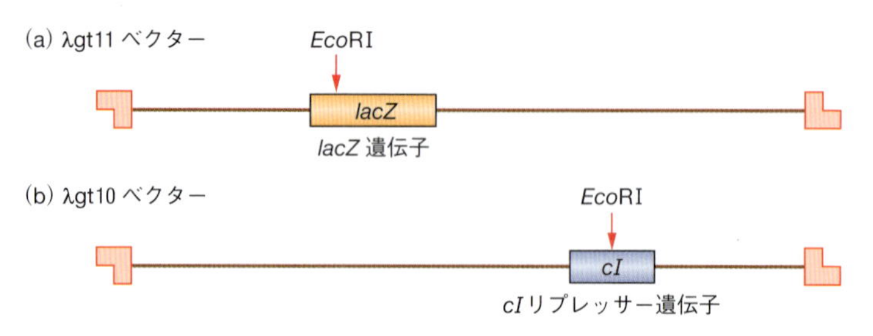

図 7・2　λファージベクター　λファージは *cos* 部位で切断されているので，直鎖状に描いてある．λファージの遺伝子は省略し，*lacZ* 遺伝子，*cI* 遺伝子だけを記した．

λgt10 ベクターは *cI* 遺伝子内にクローニング部位（*Eco*RI）をもつ．宿主には *hflA* 株（high frequency of lysogeny, 高頻度溶原化株）を用いる．*hflA* 株はλファージが感染すると溶原サイクルに入る遺伝子型をもっている．DNA がクローニングされなかったλgt10 からは *cI* リプレッサーが発現する．*cI* リプレッサーは溶菌を抑えるので，λgt10 は溶原化しプラークは形成されない．一方，外来 DNA がクローニングされると *cI* リプレッサーが破壊されて，溶菌サイクルに入る．つまり，DNA 断片がクローニングされた λgt10 ファージだけがプラークを形成する．

7・4 複合ベクター

ここまで，プラスミドベクターとファージベクターの説明をしてきた．両者の特徴や複製機構を組合わせた人工ベクターが**複合ベクター**である．

7・4・1 ファージミドとヘルパーファージ

図 7・3 は**ファージミドベクター** pUC119 である．第 5 章で説明した pUC19 とほとんど同じ配列であるが，プラスミドに M13 ファージの複製開始点 *ori* をもたせてある．

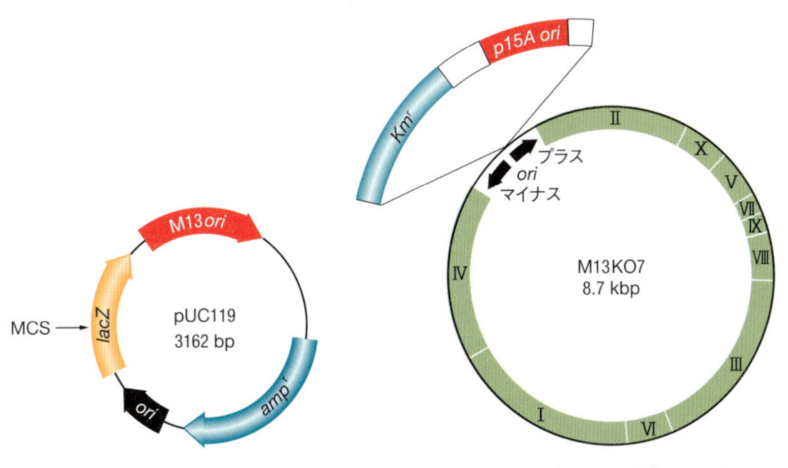

図 7・3 ファージミド **pUC119**　　図 7・4 ヘルパーファージ **M13KO7**

この M13*ori* 配列と図 7・4 のヘルパーファージを用いるとプラスミドを M13 ファージ粒子にパッケージングすることができる．ヘルパーファージ M13KO7 は M13 ファージゲノムの複製開始点に p15A*ori* と Km^r の配列が組込まれている．*p15A ori* はプラスミド p15A の複製開始点で，M13KO7 は大腸菌細胞内では p15A の複製開始点で複製される．Km^r はカナマイシン耐性遺伝子であり，組込まれた配列が M13KO7 に維持されていることを確認するためのマーカーである．

図7・5にヘルパーファージの使い方を説明する．

① ファージミドpUC119を保持する大腸菌にM13KO7を感染させる．

② M13KO7ゲノムはM13ファージのすべての遺伝子をもっているので，M13タンパク質を合成する．

③ M13タンパク質はM13*ori*を認識してローリングサークルで一本鎖DNAを合成し，M13コートタンパク質でファージ粒子として大腸菌外へ放出する．

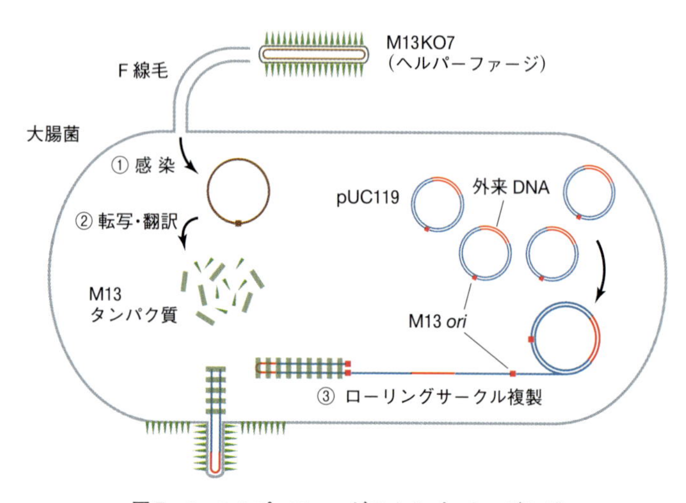

図7・5　ヘルパーファージによるパッケージング

このとき，ヘルパーファージM13KO7の*ori*には余計なDNAが組込まれているため機能が抑えられている．一方，pUC119のM13*ori*は完全な配列なので，pUC119の配列が優先的にコートタンパク質に包まれてM13粒子として放出される．このように，ファージの遺伝子を保持していて，他のベクターのファージ粒子形成を助けるファージを**ヘルパーファージ**とよぶ．

7・4・2 ファズミドベクター

プラスミドでは数千塩基対以下の比較的短いDNAしか取扱えない．また，形質転換の効率（第9章で説明する）はファージの感染効率に比べてはるかに低いので，このあとで説明するゲノムライブラリーを作製する場合にはファージベクターが用いられる．いったんファージベクターで目的のDNAクローンを入手した後は，プラスミドの方がはるかに取扱いが楽である．そこで，ファージベクターの外来DNA断片を切出し，プラスミドに結合して再度クローニングする．この操作を**サブクローニング**とよぶ．しかし，多数のDNA断片を取扱うのにいちいちサブクローニングを行うのは煩雑である．そこで開発されたのがプラスミドとファージを組合わせた**ファズミドベクターλZAP II**である．このベクターはλファージベクターなので，高い感染効率でクローニングを行うことができる．その後非常に簡単な操作でサブクローニングを行い，クローニングしたDNA断片をプラスミドとして扱うことができる（図7・6）．

図7・6(a)はファズミドλZAPIIの遺伝子構造である．λZAPIIの中央部にはプラスミドpBluescriptが結合してある．プラスミドの両端にはM13の複製開始点が二つに分断されて結合している．外来DNAはpBluescript上のMCSにクローニングされる．実際にはこのλZAPIIゲノムはファージ粒子の頭殻の中に収納されている．

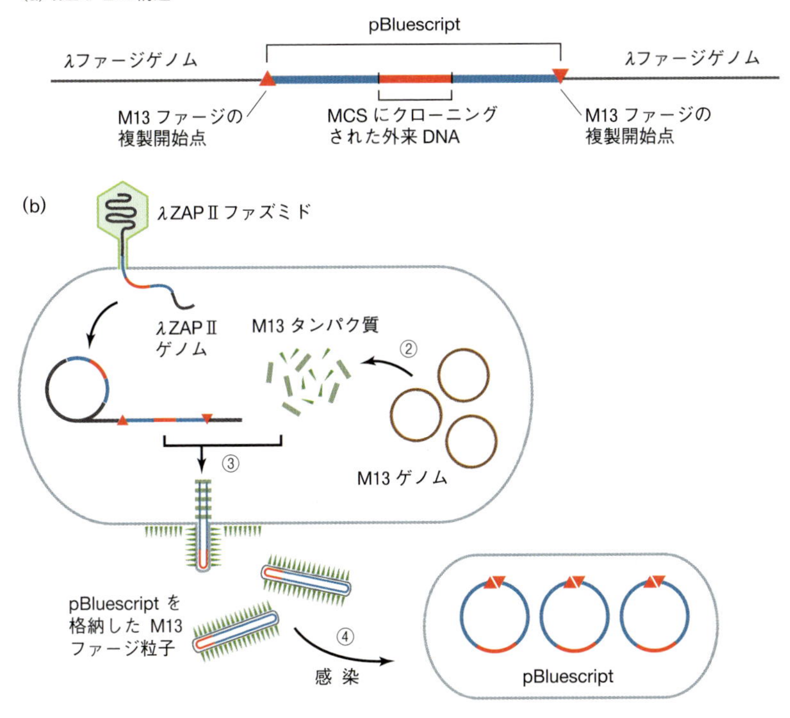

図7・6 ファズミドλZAP IIによる*in vivo*切出し

図7・6(b)は外来DNAをクローニングしたλZAPIIからのpBluescriptの切出しの説明である．

① λZAPIIをM13ゲノム保持大腸菌に感染させる．感染したλZAPIIのゲノムは大腸菌細胞内で複製され，増幅する．
② M13保持大腸菌細胞内にはM13のゲノムが複数あり，そこから多数のM13タンパク質が転写・翻訳されている．
③ M13タンパク質がλZAPIIのM13複製開始点を認識してローリングサークル複製で一本鎖DNAを合成し，複製開始点から複製開始点までを切出して，pBluescriptを格納したM13ファージ粒子を放出する．
④ M13ファージ粒子が宿主大腸菌に感染すると，大腸菌細胞内にプラスミドベクターpBluescriptが注入され，この大腸菌はアンピシリン入り寒天培地上にコロニーを形成する．

最初のλZAPIIにクローニングされていた外来DNA断片はpBluescriptのMCSに結合している．このように，ファズミドをM13保持大腸菌へ感染させるだけでプラスミドpBluescripに外来DNAをサブクローニングできる．この操作は大腸菌細胞内で切出しを行うので，***in vivo* 切出し**ともよばれる．vivoはラテン語で生きている細胞を表し，*in vivo*で細胞内のことを意味する．

7・4・3 コスミドベクター

λファージは38〜52 kbpの長いDNAを頭殻の中に収めることができるが，増殖に必要な遺伝子も多いので，クローニングに使えるDNA長はそれほど長くない．しかし，遺伝子をすべて取除いても両端に*cos*部位さえあれば，頭殻にパッケージ

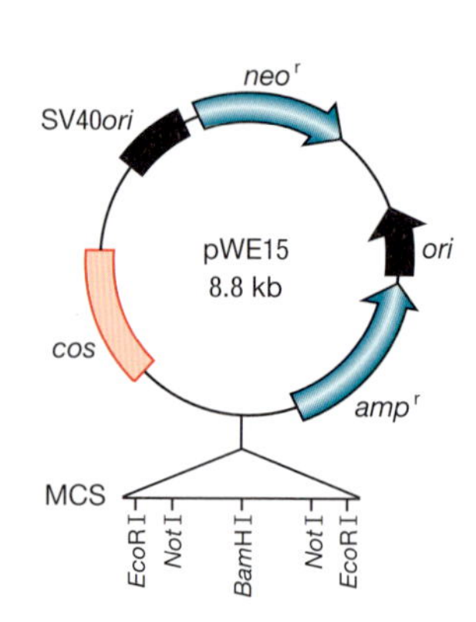

図7・7 コスミドベクター

ングされる．そこで，プラスミドから *cos* 部位を供給して，*in vitro* パッケージングに利用するためのベクターが**コスミドベクター**である．λファージの感染システムを利用することで通常よりずっと長い挿入断片をもつプラスミドを大腸菌に導入できる．図7・7にコスミドベクターの遺伝子地図を示す．このベクターはプラスミドで，λファージの *cos* 部位と複製開始点 *ori*，それに amp^r マーカーをもっている．さらに動物細胞を宿主としたときに用いるマーカー（neo^r）と複製開始点（SV40 *ori*）もついている．

図7・8にコスミドを用いた操作を示す．

① クローニング部位（MCS）で切断したコスミドと外来DNAを結合して，コンカテマーを作製する．

② パッケージングエクストラクトを用いて *in vitro* パッケージングすると，*cos* 部位を認識して頭殻に外来DNAが収納される．長すぎるDNAや短かすぎるDNAはパッケージングされない．

③ ファージ粒子を大腸菌に感染させて注入されたコスミドベクターDNAはプラス

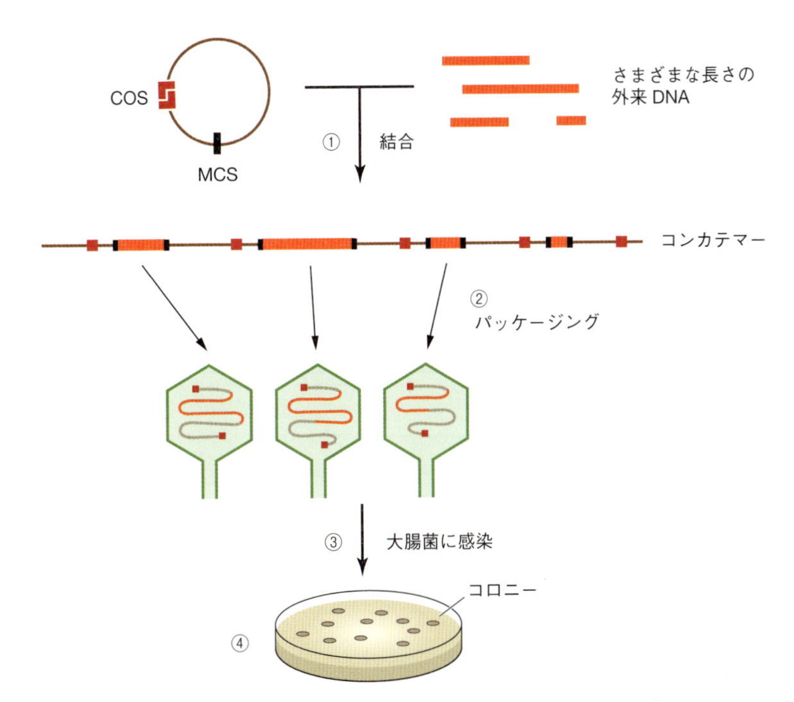

図7・8 コスミドベクターでの外来DNAのクローニング

ミドとして複製される．（細胞内に注入されたDNAにはファージ遺伝子は含まれないのでファージが増殖することはない）

④ 宿主菌はアンピシリン耐性コロニーとして単離できる．コロニーから長い外来DNAを含むコスミドを回収できる．

7・5　各種ベクターの特徴

表7・1に各種ベクターの特徴をまとめた．取扱い可能な外来DNAのサイズはベクターにより異なる．選択マーカー *amp*ʳ は大腸菌でのマーカーでアンピシリン耐性遺伝子，*neo*ʳ は動物細胞でのマーカーでネオマイシン耐性遺伝子．YACは酵母人工染色体の略称で第15章で説明する．

表7・1　各種ベクターの特徴

ベクター	挿入可能サイズ（kb）	選択マーカー	青白選択	*in vivo* 切出し†
M13mp18	0〜3	—	○	×
λgt10	0〜7.6	—	×	×
λgt11	0〜7.2	—	○	×
λZAPⅡ	0〜18	*amp*ʳ	○	○(pBluescript)
pWE15	30〜42	*amp*ʳ，*neo*ʳ	×	×
YAC	0〜1200	*amp*ʳ，*neo*ʳ	×	×

†　( )内は切出し後のプラスミドベクター．

演習問題

7・1　pfu，cfu，MOIは何の略か．またその意味を説明せよ．

7・2　ヘルパーファージM13KO7を用いたファージミドpUC119のパッケージングを説明しなさい．

7・3　λZAPⅡの *in vivo* 切出しを説明しなさい．

8 大腸菌の取扱い

概要 大腸菌は遺伝子操作で最も重要な道具の一つである．大腸菌は約 20 分に 1 回分裂して，一晩で 1 個の細胞からコロニーを寒天培地の上に形成する．遺伝子操作では，天然に得られた大腸菌（野生型とよぶ）をそのまま使うのではなく，遺伝子操作に使いやすいように改良した大腸菌株を用いる．大腸菌株にも固有の記号や番号がつけられ，その大腸菌株がどのような遺伝子をもっているかが，遺伝子型として表される．また，いくつかの大腸菌培養法や菌株保存方法がある．

重要語句 遺伝子名，遺伝子型，表現型，JM109，*recA*，サプレッサー tRNA，対数増殖期，最少培地，栄養培地，レプリカ法，グリセロールストック

行動目標
1. 大腸菌株 JM109 の遺伝子型の意味を説明できる．
2. 大腸菌の基本的取扱いを説明できる．

8・1 大腸菌株の遺伝子型と表現型

第 5 章で説明したプラスミドには，たとえば *lacZ* という名の遺伝子があった．これは遺伝子の名前，遺伝子名（gene name）である．遺伝子の説明をするときには，たとえば *lacZ* 遺伝子のように“遺伝子”とつける．これは正常な *lacZ* 遺伝子があるという意味である（ただし遺伝子地図上では“遺伝子”を省略する）．遺伝子から発現するタンパク質名も似たように表記される．タンパク質の場合には最初の 1 文字を大文字にして，斜字体にはしない．たとえば LacZ は β-ガラクトシダーゼのタンパク質のことを意味する．

こうした表記と異なり，大腸菌株がどのような遺伝子をもっているのかを示すのが**遺伝子型**である．大腸菌は約 4500 個の遺伝子をもっている．遺伝子に変異が入っている場合に，その遺伝子型（genotype）を記載するというのが遺伝子型記載の基本である．つまり，遺伝子型が書いてあればその遺伝子は変異型である．ただし，変異型であることを強調するために右肩に－をつけることもある．変異の入っていない野生型であることを強調するときは右肩に＋をつける．遺伝子型はイタリック（斜字体）英小文字 3 文字で表す．関連した遺伝子が複数あるときは A，B，C で区別し，さらに同じ遺伝子でいくつかの変異型がある場合には番号で区別す

る．たとえば，*lacZ* は大腸菌のラクトース（lactose）代謝に関わる *lac* 遺伝子群のうちの *Z* 遺伝子に変異が入っていることを示している．*recA1* は組換え（recombination）に関わる *rec* 遺伝子群の *A* 遺伝子の変異の一つで 1 と番号がつけられているものである．

基本的な遺伝子型のほかに，いくつかの遺伝子型の表記方法がある．遺伝子の前半が欠失している場合には遺伝子型の前に′（ダッシュ）をつけ，後半が欠失している場合には遺伝子型の後に′をつける．たとえば *lacZ′* は，ラクトース代謝系の *Z* 遺伝子，つまり β-ガラクトシダーゼ遺伝子の後半部分が欠失している大腸菌であることを表す．遺伝子やオペロンが欠失している場合には Δ で表す．たとえば，*Δlac* はラクトースオペロンの欠失を表す．遺伝子に何か他の因子が挿入されている場合は :: の後に挿入されている因子を書く．たとえば，*proC*::Tn5 とあると，プロリン合成系の *C* 遺伝子にトランスポゾン 5 が挿入されているという意味である．タンパク質が融合している場合や，オペロンが融合している場合は Φ（ファイ）で表す．Φ（*ompR′*-*′lacZ*）はオンプオペロンの *R* 遺伝子の後半が欠失して，β-ガラクトシダーゼの後半と融合していることを表す．Φ（*ara′*-*lacZ*）はアラビノース代謝系オペロンの後半が欠失して，β-ガラクトシダーゼ遺伝子がそのオペロンにつながっていることを表す．

斜字体にしないで，最初を大文字とし，＋あるいは－の添え字をつけると，**表現型**（phenotype）を表す表記になる．たとえば，Pro^+ は，アミノ酸のプロリンを合成できる大腸菌株であることを意味する．Pro^- ならば，プロリンを合成できない大腸菌株で，プロリンを培地に入れないと生育できないことを意味する．抗生物質への耐性の有無は，右肩につけた r（resistance）と s（sensitive）で表す．Str^r はストレプトマイシン耐性がある大腸菌株，Str^s はストレプトマイシンに対する耐性がない（ストレプトマイシン感受性）大腸菌株であるという意味になる．これは，大腸菌株の性質を表している．遺伝子型と紛らわしいが，遺伝子がどうであれ，表現型は結果として生じる大腸菌株の性質を表している．遺伝子型が *proA* でも *proB* でも，表現型は同じ Pro^- となる．

8・2 大腸菌遺伝子型の意味

さて，遺伝子操作に用いる大腸菌の遺伝子型を考える場合には，いくつかの代表的な遺伝子型を理解しておく必要がある．

相同組換え遺伝子　***recA*** 遺伝子は相同組換えに関わる遺伝子である．大腸菌の遺伝子型に *recA* と書いてあれば，*recA* 遺伝子が変異して相同組換え能が低下していることを表す．プラスミドを扱う場合には，相同組換えを起こしてほしくないので，*recA* 遺伝子に変異をもつ大腸菌 *recA* 株を用いる．

制限修飾系　細菌は制限酵素とメチル化酵素をもっている（第2章参照）．制限酵素があると，クローニングする際に外来遺伝子を切断してクローニング効率を下げる可能性がある．また，メチル化酵素があると，その大腸菌で増殖させたベクターが制限酵素で切断できなくなる可能性がある．そこで制限修飾系に変異をもち，制限酵素やメチル化酵素，あるいはその両方をもたない株が目的に応じて用いられる．個々の制限修飾系を覚えている必要はないが，理解できるようにしておこう．

大腸菌の制限修飾系はいくつかある．一つは ***EcoK* 制限系**で，*hsd RMS* という制限修飾系として記載してある．この制限修飾系は ACC[N_6]GTGC あるいは GCAC[N_6]GGT を切断あるいはメチル化する．*hsdR*，*hsdM*，*hsdS* はそれぞれメチル化酵素と制限酵素にどのような変異が入ったかという特性を表す．また，*mcrA*，*mcrBC*，*mrr* の制限修飾系が野生型の場合はメチル化した ^{m}CG 等のメチル化ヌクレオチドを認識して切断する．高等動物ゲノムは ^{m}CG 等のメチル化を受けているので，高等動物のゲノムをクローニングする際には，これらの制限修飾系が変異している株を用いると効率が上がる．さらに，大腸菌 ***dam*** 株は，5′GATC3′ の A をメチル化する酵素を欠損，大腸菌 ***dcm*** 株は 5′CC(A/T)GG3′ の 2 番目の C をメチル化する酵素を欠損している．

抗生物質耐性遺伝子　大腸菌株によってはプラスミドをもたなくても抗生物質耐性をもつ場合がある．たとえば大腸菌ゲノムには**トランスポゾン**とよばれるゲノムの中で移動する遺伝因子がある．トランスポゾンは抗生物質耐性遺伝子をもっている．遺伝子型に ::Tn5 などと書いてある場合には，トランスポゾンが挿入されており，抗生物質耐性になっている．トランスポゾンには番号がついていて，それぞれ別の抗生物質耐性遺伝子をもっている*．

プラスミドでマーカーとして用いられる抗生物質耐性遺伝子は，抗生物質を分解する酵素の遺伝子が多い．別の理由で抗生物質耐性となった大腸菌株もある．それは，大腸菌のもつ遺伝子に変異が入って抗生物質が効かなくなった場合である．たとえば，抗生物質ストレプトマイシンはリボソームに結合して翻訳を阻害して大腸菌の生育を抑える．大腸菌 *rpsL*(*strA*) 株では，リボソーム構成タンパク質に変異が

* トランスポゾンの抗生物質耐性．Tn3：アンピシリン耐性，Tn5：カナマイシン耐性，Tn9：クロラムフェニコール耐性，Tn10：テトラサイクリン耐性でフザリン酸感受性．

入って，ストレプトマイシン耐性となっている．同様に大腸菌 *gyrA* 株は，ジャイレースに変異が入ってナルジキシン酸耐性となっている．

サプレッサー tRNA　　これは少し変わった変異で，tRNA 遺伝子に変異が入った結果，本来停止コドンである UAG（アンバーコドン）を翻訳するようになり，停止コドンで翻訳を停止しなくなる変異型である．たとえば大腸菌 *supE* 株は，変異型の tRNA をもっていて UAG をグルタミンとして翻訳することで停止コドンを無効化する．大腸菌 *supF* 株は，変異型の tRNA をもっていて UAG をチロシンとして翻訳することで停止コドンを無効化する．ファージの中には，サプレッサー tRNA をもつ大腸菌株でだけ増殖するファージがあり，ファージの宿主として *sup* 株が用いられる．

そ の 他　　大腸菌株の大部分は *thi* の変異をもちチアミン要求性なので，合成培地を用いる場合にはビタミン B_1（チアミン）を培地に添加すると生育がよくなる．大腸菌 *thyA* 株はチミン要求性であり，生育にはチミンが必要である．

F は **F 因子**をもっていることを表す．F 因子は F プラスミドともよばれ，ゲノム DNA とは別に増殖する環状 DNA である．F 因子は大腸菌の通常の増殖には必要ない．F 因子をもつ大腸菌と F 因子をもたない大腸菌がいて，それぞれオスの菌，メスの菌とよばれる．オスの菌は F 線毛をつくり，F 線毛を介して F 因子をメスの菌に受け渡す．メスの菌は F 因子を受け取るとオスになる．すると，オスの菌だけになるように思えるが，培養後期にはオスの菌が F 因子を失ってメスの菌が現れる．また，F 因子はゲノム由来の遺伝子をもつ場合が多く，その場合には F' と ' をつける（これは F の後半が欠失しているわけではない）．

8・3　JM109 の遺伝子型

遺伝子工学でよく用いられる大腸菌株 JM109 を例に，遺伝子型を読んでみよう．カタログを見ると次のように記載してある．

JM109 *F'*[*traD36* *lacI*^{q} *lacZ*Δ*M15* *proA*$^+$*B*$^+$] *e14*$^-$(*mcrA*$^-$) Δ(*lac*−*proAB*) *thi*
gyrA96(Nal^r) *endA1* *hsdR17*(r_k^- m_k^+) *relA1* *supE44* *recA1*

F' は，カッコからカッコまでが F 因子の説明である．*traD* 遺伝子は，F 因子を F 繊毛を通して移動させる遺伝子で，JM109 株はこの遺伝子に変異をもつので F 因子を移動できない．F 因子を他の大腸菌に移動させるのは困るので，通常 F 因子をもつ大腸菌を用いる場合には *traD36* 変異をもつ株を用いる．F 因子にはほかにもいくつかのゲノム由来の遺伝子が入っている．*lacI*^{q} 遺伝子は *lacI* 遺伝子の変異型で，*lac* リプレッサーが高発現になっている．$lacI^q$ 遺伝子はIPTGがない場合にラクトースオペロンの発現をしっかりと抑える．*lacZΔM15* は *lacZ* 遺伝子の変異型でβ-ガラクトシダーゼの前半部分を欠失している遺伝子である．したがって，JM109株はβ-ガラクトシダーゼの後半部分であるωペプチドを発現する．（なお，ΔM15は15番目のメチオニンが欠損しているわけではなく，変異の固有番号である.）*pro* A^+B^+ はプラスがついているので，野生型の遺伝子をもっていることを表している．*pro* はプロリン合成系の遺伝子でAとBの二つのプロリン合成系遺伝子がF因子に乗っていることになる．ここまでが，F因子の説明である．

カッコの外はJM109ゲノムの説明である．$e14^-$($mcrA^-$)はe14というファージのプロファージがJM109ゲノム上に溶原化していないことを意味している．野生型のe14プロファージはMcrAという制限修飾系をもっているが，$mcrA^-$となるのでMcrA制限修飾系はない．Δ(*lac*−*proAB*)は，JM109ゲノムのラクトースオペロンからプロリン合成系まで大きな欠失が入っていることを示す．*thi* はチアミン合成能がなく，チアミン要求性であることを示している．*gyrA96*(Nal^r)はジャイレースの変異型で，この変異によりJM109はナリジキシン酸に耐性である．EcoK制限修飾系が *hsdR17*(r_k^- m_k^+)なので，JM109はEcoK制限修飾系のメチル化酵素をもっているが制限酵素はもっていない．r_k と m_k は，それぞれ大腸菌K株の制限酵素とDNAメチラーゼを表している．*relA1* はppGppの合成に関与する遺伝子が欠損していることを意味する．*supE44* なので，JM109はサプレッサーtRNAをもっており，UAGをグルタミンとして翻訳することで停止コドンを無効化する．*recA1* なので相同組換え遺伝子が変異していて，JM109は相同組換えを起こさない，プラスミドの取扱いに適した株である．なお，*recA1*，*traD36*，*gyrA96*，*hsdR17* などの番号は変異の固有名であり，文献を調べれば，どのような変異なのかを詳しく知ることができる．

F因子をなくさない仕組み　さて，JM109で説明した遺伝因子のなかにはF因子をなくさないための仕組みがある．M13ファージの感染にはF繊毛が必要なので，M13ファージの宿主として使うためには大腸菌がF因子を保持している必要がある．また，JM109のF因子には，ほかにも必要な遺伝子（*lacZΔM15*, $lacI^q$ など）がある．つまり，ベクターの青白判定をするためにはF因子をもつJM109を宿主として用いる必要がある．しかし，F因子をもつ大腸菌を長時間培養するとF因子をもたない大腸菌が現れてくる．そこで，F因子の有無を見分けて，F因子をもっているJM109細胞を選択する仕組みがある．

JM109ゲノムの遺伝子型にはΔ(*lac*−*proAB*)という欠失があるので，プロリン合成系がなくなっている．しかし，F 因子の方に野生型のプロリン合成系遺伝子（$proA^{+}B^{+}$）があるので，F 因子をもつ JM109 はプロリンを合成できる．F 因子をなくした JM109 はプロリン合成能がなくなるので，プロリンを含まない培地で培養すれば，F 因子をもつ JM109 細胞を選択することができる．

8・4　大腸菌の培養方法

8・4・1　大腸菌の液体培養

大腸菌は好気性なので，試験管やフラスコに滅菌した液体培地を入れ，通気性の蓋（綿栓や試験管との間にすきまをもつアルミキャップ）をして 37 ℃で振とう培養する．大腸菌はごく一般的な増殖曲線を示す（図 8・1）．大腸菌は培養開始後一定時間は増殖しない．この時期を誘導期（lag phase）とよぶ．これは，細胞内を増殖に適した状態に変化させる過程である．増殖を開始した大腸菌は一定時間（約 20 分）に 1 回分裂を行うので，対数で表示すると直線で細胞密度を増加させる．これを**対数増殖期**（log phase）とよぶ．一定の濃度になると大腸菌の増殖速度は低下してその濃度を保つようになる．これを定常期（stationary phase）とよぶ．定常期がある程度続くと死滅期に入り細胞密度が低下する．

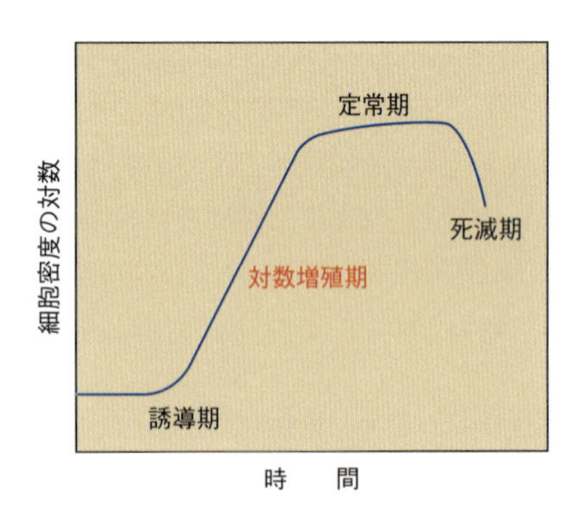

図 8・1　細菌の増殖曲線

大腸菌でファージを増殖させたりタンパク質生産を行う場合には，代謝活動が盛んな対数増殖期がよい．また，大腸菌密度の高い方が一定の培地量での生産量が多い．そこで，対数増殖期の後期（大腸菌が十分に増えた時期）にファージの感染やタンパク質発現誘導が行われる．

培地としては，栄養培地と最少培地が用いられる．**栄養培地**は酵母エキスやタンパク質分解物を含む培地で，大腸菌の通常の培養に用いられる．プラスミドを増やす場合にはこれに抗生物質を添加する．**最少培地**は野生型株の生育に必要最小限の成分（塩類とグルコース）だけを含む培地である．栄養培地にはさまざまな栄養成分が含まれるので，栄養要求性をもつ株も生育してしまう．最少培地では栄養培地に比べて生育が遅いが，栄養要求性を調べたり，栄養要求性をマーカーとして利用する場合に用いられる．

8・4・2　大腸菌の固体培養

コロニーを得るためには寒天培地を用いる．図8・2に寒天培地でのいくつかの培養方法を示す．**画線培養**（streaking）は菌の塊（コロニーやグリセロールストック）を寒天培地の上で白金耳で引き伸ばして培養する方法である．引き伸ばした跡をもう一度引き伸ばすと，段階的に希釈していくことができるので，濃度のわからない菌液や菌の塊からコロニーを得るのに用いられる．**塗布培養**（spreading）は，あらかじめ希釈した菌液を寒天表面に均等に引き伸ばす方法で，多数のコロニーを得たい場合や，細菌細胞数を数える場合に用いられる．**格子培養**（gridding）は，たくさんのコロニーに番号をつけて保存したい場合に用いられる．寒天培地に格子状に線を引き番号を記入した場所へ，コロニーを滅菌爪楊枝で写し取って培養する．多数のコロニーの一つ一つを区別して1週間程度保存するのに用いられる．さらに多数のコロニーを写し取るためには**レプリカ法**が用いられる（図8・3）．多数

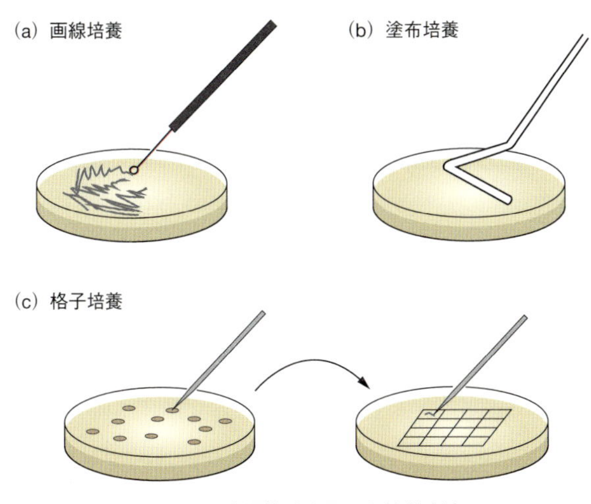

図8・2　寒天培地を用いた培養方法

のコロニーが出た寒天培地を綿ビロード（細かい毛の生えた綿の布地）の上に押しつけ，そこに新しい寒天培地を押しつけてから培養することで，もとのコロニーの複製（レプリカ）をつくることができる．

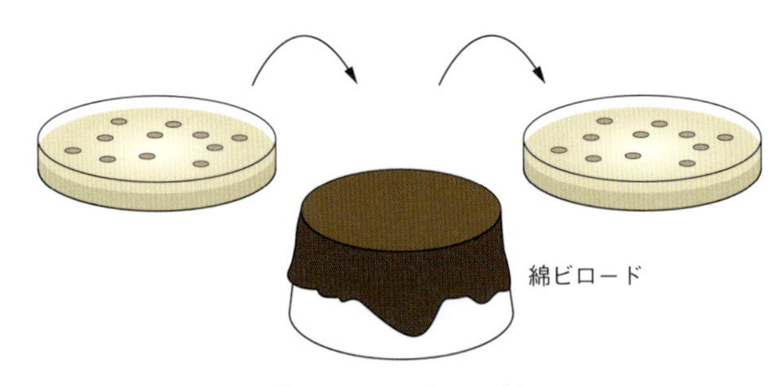

図8・3　レプリカ法

8・4・3　大腸菌株の保存

培養した大腸菌細胞を放置すると，やがて死んでしまう．遺伝子操作には時間がかかるので，その間，大腸菌を保存しておく必要がある．保存方法によって保存できる日数は異なる．液体培養した培養液は保存に向かないが，4 ℃なら2～3 日は菌が生きている．細胞を寒天培地（プレートとよぶ）で生育させたコロニーは4 ℃で約 1 週間程度は生きている．積極的に保存する目的では，**穿刺培養**という方法がある．小さいねじ口バイアルに軟寒天を入れ，軟寒天を白金針で刺して菌を接種する．1 日ほど培養したあと室温に保存すると半年から 2 年ほど生存するが，大腸菌ではほとんど用いられない．大腸菌では**グリセロールストック**という方法がよく用いられる．液体培養した培養液にグリセロールを 10～15％になるように添加して凍結したもので，解かさない限り－70 ℃以下で半永久的に保存できる．ただし，いったん融解させると大腸菌は死んでしまう．そこで保存菌株から菌株を回収するときには，グリセロールストックを解かさないように，その表面を掻き取り，寒天培地で培養する．さらに重要な菌株は凍結乾燥して保存する．凍結乾燥した菌株は半永久的に保存できる．生物種保存施設では凍結乾燥菌株を保存している．

演習問題

8・1　JM109 の遺伝子型を説明しなさい．

8・2　画線培養，塗布培養，格子培養，レプリカ法はどのような場合にどのような目的で用いるか説明しなさい．

大腸菌の形質転換と効率のよいライゲーション

概要 大腸菌にプラスミドを取込ませる操作を形質転換とよぶ．形質転換法には，化学的形質転換法と電気穿孔法がある．形質転換の効率は遺伝子操作を成功させるうえで重要な因子である．形質転換に用いるベクターと外来DNAをリガーゼで結合するライゲーション効率も重要である．ベクターと外来DNAを効率よく結合するためのさまざまな工夫が考案されている．

重要語句 形質転換，コンピテント細胞，電気穿孔法，ライゲーション，自己環化，コンカテマー，部分充填法

行動目標
1. 大腸菌の二つの形質転換法を説明できる．
2. 大腸菌の形質転換効率を計算できる．
3. ライゲーションの適切な反応条件を設定できる．
4. ライゲーションの反応効率を上げる方法を説明できる．

9・1 大腸菌の形質転換

形質転換とは，DNAによって細菌の形質を変化させることを意味している．形質転換はアベリーの実験でよく知られている．アベリーは肺炎球菌R型菌にS型菌のDNAを与えてS型菌に変えた．アベリーが用いた肺炎球菌は，特別な操作をせずに細胞外からDNAを取込みDNA組換えを起こす仕組み（自然形質転換能）をもっている．自然界で強い自然形質転換能をもつ生物はそれほど多くない．大腸菌の細胞膜もそのままではDNAを通さないので，DNAを取込ませるのには特別な操作が必要である．

大腸菌が抗生物質耐性遺伝子をもつプラスミドを取込むと，抗生物質感受性の菌が抗生物質耐性に形質転換する．それで，遺伝子操作でプラスミドを取込ませる操作も形質転換とよんでいる．遺伝子操作に慣れて日常的にプラスミドでの形質転換を行うようになると，“大腸菌にプラスミドを形質転換する”と言いたくなるが“大腸菌をプラスミドで形質転換する”という表現が本来である．

大腸菌を形質転換する方法には，大きく分けて化学的形質転換法と電気穿孔法の二つがある．**化学的形質転換法**では，培養した大腸菌を特別な組成の試薬で処理す

ることでDNAを取込める状態にする．DNAを取込める状態になった細胞を**コンピテント細胞**とよぶ．competentとは何かをする能力があるという意味であるが，遺伝子操作では形質転換する能力があることを意味していて，コンピテント細胞は形質転換受容性細胞と訳される．

コンピテント細胞を作製するためのさまざまな方法が開発されている．一般には塩化カルシウムや塩化マンガン，ポリエチレングリコールを用いる方法，低温で培養することによって作製する方法などが用いられる．氷上でDNAと混合したコンピテント細胞の温度を短時間上昇させてDNAを取込ませる．いずれの場合もコンピテント細胞の作製は低温で行う必要がある．低温により細胞膜脂質の相分離（膜の異なる脂質成分が別々に固まる状態）が起こり，温度を急上昇させると細胞膜に孔があいて溶液中のDNAを取込むのではないかと考えられている．

もう一つの方法は**電気穿孔法**で，高電圧で細胞膜に孔をあけることで溶液中のDNAを大腸菌細胞内に取込ませる（図9・1）．電気穿孔法では，電解質を含まない溶液に大腸菌細胞を懸濁し，プラスミドDNAと混合して，短時間高電圧パルスを印加する．溶液中に電解質が含まれると高電圧で高電流が流れ，発熱により大腸菌細胞が死滅したり，突沸して大腸菌細胞が飛び散ってしまう．パルス時間が長すぎたり電圧が高すぎると大腸菌が死滅する．大腸菌細胞のうち50%が死滅する程度のパルス時間と電圧で最もよい形質転換効率が得られる．

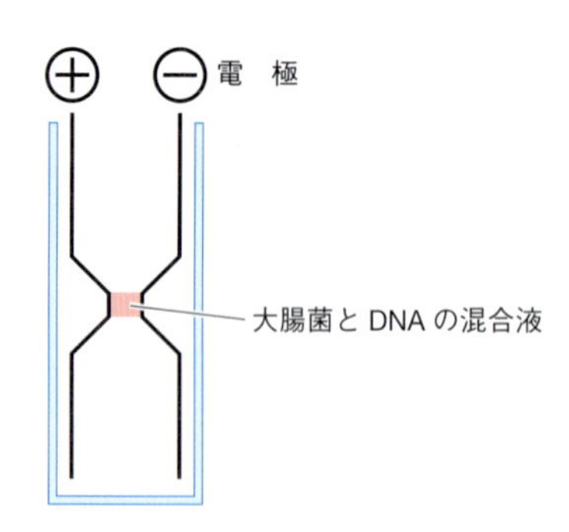

図9・1 電気穿孔法 二つの電極の幅の狭い部分に大腸菌細胞とDNAの混合液を付着させて高電圧パルスを印加する．

9・2 形質転換効率

形質転換の効率は方法によって大きく変わる．遺伝子操作では，プラスミドや外来DNAを取扱っている間に，どんどんDNA量が減っていく．そこで，少量の

DNAで大腸菌を形質転換できるとありがたい．**形質転換効率**は，ある決まったプラスミドの一定の量（pBR322のcccDNA 1 μg）で形質転換したときに出現する形質転換細胞数で表す．

たとえば，1 pgのDNAで100コロニーのアンピシリン耐性株が出てきた場合，$100 \div 10^{-6}$ μg$=10^{8}$ cfu/μgDNAと計算される．ここでcfuは形質転換した細胞数を表している．表9・1には代表的な形質転換方法で得られる形質転換効率をまとめたが，用いる大腸菌株や手法によって大きく変わるし実験者によっても変わるので，実験をする際には形質転換効率を自身で確認することが重要である．

表9・1 形質転換方法で得られる形質転換効率の一般的な値

形質転換法	形質転換効率(cfu/μgDNA)
Ca^{2+}(塩化カルシウム)法	10^5～10^6
Hanahan(塩化マンガン)法	10^7～10^9
PEG(ポリエチレングリコール)法	10^5～10^8
低温培養法	10^9
電気穿孔法	10^9～10^{11}

9・3 ライゲーション効率

リガーゼでDNAをつなげる反応を**ライゲーション**とよぶ．ベクターに外来DNAが結合しないと，ベクターだけが大腸菌で増えることになってしまう．外来DNAを結合していないベクターは空ベクターとよばれる．空ベクターが増えるのを防ぐためにいくつかの方法が考案された．すでに説明した青白判定も，外来DNAを結合したベクターと空ベクターを見分けるための工夫である．この節では，いかに効率よく外来DNAをベクターに結合するかを説明する．

9・3・1 ライゲーション反応に適切なDNA濃度

まず，リガーゼを用いて結合するDNA分子の“末端の濃度”を考える（図9・2a）．DNA分子の濃度は，DNA分子の数を体積で割ればよい．1分子には末端が二つあるので，末端の濃度はDNA分子濃度の2倍になる．この溶液全体での末端濃度をiとする．さて，少し変わった末端濃度の考え方がある．“分子自身の末端濃度”という考え方で，自分自身の末端がもう一つの末端とどれくらい近い距離にあるかを考慮する．DNAが短い場合には，二つの末端が近接しているので，末端濃度が高いことになる．DNAが長い場合には，二つの末端は離れているので，末端濃度は低い．この分子自身の末端濃度を j と表すことにする．これは，二つの末端が存在できる体積から求められる．

この二つの末端濃度を比較することで，DNA 分子がどのように反応するかを予測できる(図 9・2b)．

1) j が i より高い場合，すなわち分子自身の濃度 j が高く(DNA が短い)溶液全体での濃度 i が低い場合には，分子自身の末端同士が出会う確率が高いので 1 分子の環状化が起こる．これを**自己環化**という．
2) 反対に j が i より低い場合，すなわち自分自身の濃度 j が低く(DNA が長い)溶液全体での濃度 i が高い場合には，他の DNA 分子との結合が起こりやすいので，DNA が連結した**コンカテマー**となる．
3) 自分自身の濃度が溶液全体の濃度の 2〜3 倍のときには，他の分子と結合する確率と自己環化が同程度に起こるので，2 分子の結合が起こりやすい．

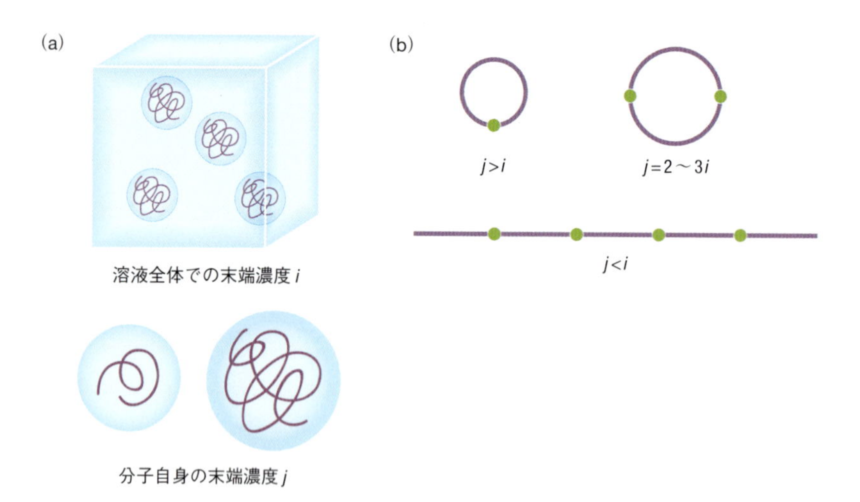

図 9・2　DNA 末端濃度の二つの考え方（a）と濃度に依存した三つの反応（b）

DNA 分子自身の末端濃度は DNA の長さ（分子量あるいは塩基対）と関連しているので，結合反応を行う DNA 分子の長さ（塩基対）によって，2 分子の反応を起こすのに適当な濃度（j=2〜3i）が決まる．その関係を図 9・3 に示す．縦軸の長さの DNA で j/i=2〜3 の DNA 濃度で反応すると 2 分子反応が効率的に進む．

実際の反応ではベクターと外来 DNA の異なる 2 分子の反応になる．両者で

DNA の長さが違うかもしれない．外来 DNA は自己環化しても大腸菌細胞内で増殖しないが，ベクターは自己環化すると空ベクターとして大腸菌細胞内で増殖してしまう．そこで，ベクターの方をきちんと 2 分子反応させないといけないので，ベクターの適切な濃度を図 9・3 で決める．外来 DNA はベクター DNA に対して，モル濃度で 2 倍から 3 倍が適当な濃度になるので，この濃度比になるように外来 DNA の濃度を決める．

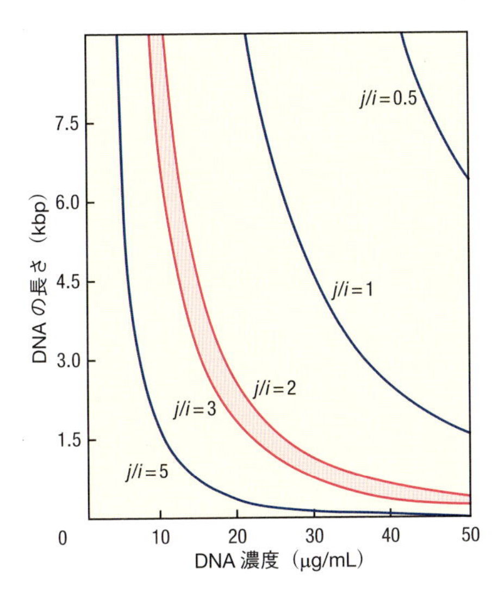

図 9・3　*j*/*i* の値に依存した DNA の長さと DNA 濃度の関係

ただし実際の実験では，リガーゼやリガーゼの反応溶液組成を工夫することで，この最適濃度からかなり外れても結合反応を効率よく行うことのできるキットも提供されている．

9・3・2　脱リン酸と二つの制限酵素の利用

外来 DNA を効率よくベクターに結合するためのさまざまな工夫がある．ベクターと外来 DNA を混合してライゲーション反応を行うとさまざまな DNA 分子ができる（図 9・4）．自己環化した外来 DNA(d) は大腸菌細胞内で複製しないが，残りの DNA 分子種（a〜c）は複製する．その結果，外来 DNA の結合したベクターは，a〜c の合計の 25％程度にしかならない．そこで，第 4 章で説明したようにベクターのアルカリホスファターゼ処理を行う（図9・5）．ベクターを脱リン酸するとベクターの自己環化とコンカテマー化は抑えられ，ベクターが外来DNAと結合する比率は回収ベクターの40％程度になる．なお，脱リン酸は完全ではないので，外来DNAとの結合効率は100％にはならない．また，プラスミドの結合部分にはニックが残るが，形質転換後に大腸菌細胞内で修復されるので問題ない．

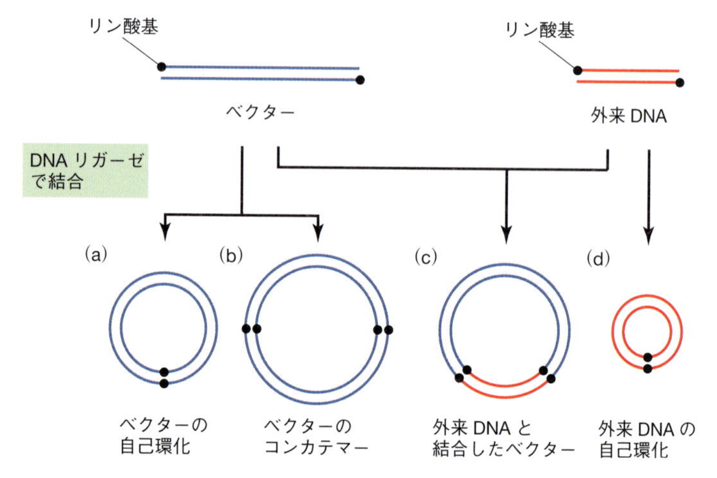

図9・4　ベクターと外来DNAのライゲーション

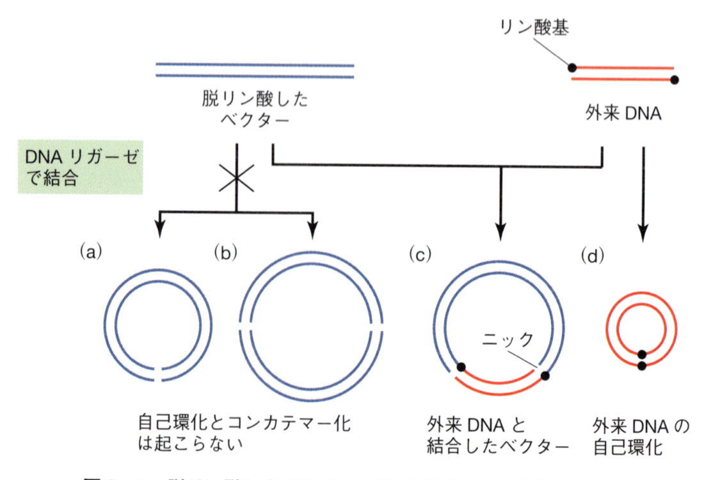

図9・5　脱リン酸したベクターと外来DNAのライゲーション

ベクターの末端を2種の異なる制限酵素で切断してベクターの自己環化を防ぐと，さらに効率はよくなる（60％程度）．その原理を図9・6に示す．pUC19を二つの制限酵素*Eco*RⅠと*Hin*dⅢで切断すれば，末端が異なるためベクターの自己環化は起こらない．ただし，切り離された断片（スタッファー，詰め物の意味）が再度結合して，もとのベクターに戻る可能性がある．そこで，ゲル電気泳動でスタッファーを取除くと，外来DNAとベクターとの結合が効率よく（80％程度）進行する．

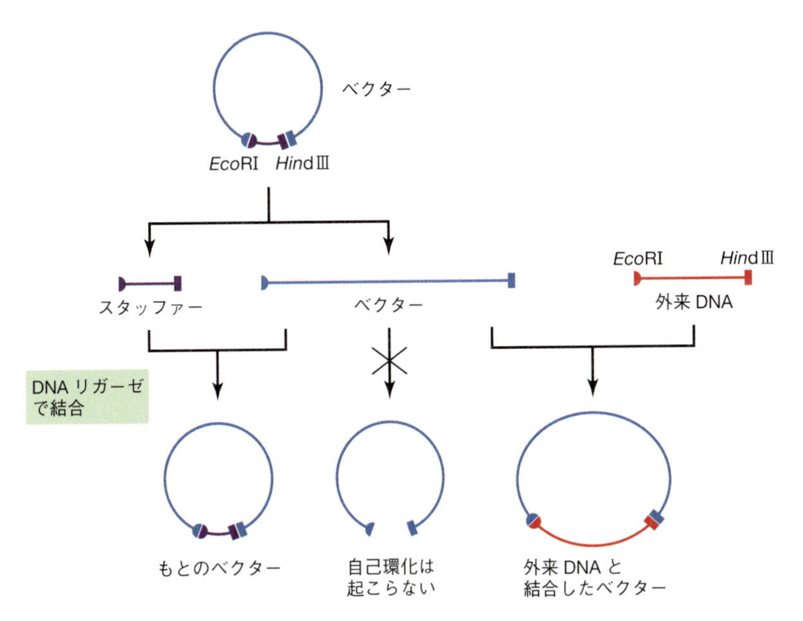

図9・6　二つの制限酵素を用いたベクターと外来DNAの結合反応

9・3・3 部分充填法

図9・7に**部分充填法**によるベクターと外来DNAの結合反応を示す．ベクターは*Xho*Ⅰで切断し，外来DNAを*Sau*3AⅠで切断する．このままリガーゼの反応を行えば，ベクターも外来DNAも自己環化する．そこで，ベクター粘着末端のうちの2ヌクレオチドをdTTPとdCTPを用いてクレノウ断片で部分的に充填する．同様に，外来DNA粘着末端のうちの2ヌクレオチドをdATPとdGTPを用いて部分充填する．残った一本鎖部分はそれぞれTCとGAとなり，それぞれのDNAの自

己環化は起こらない．ベクターと外来 DNA は相補的となりリガーゼで効率よく結合する．

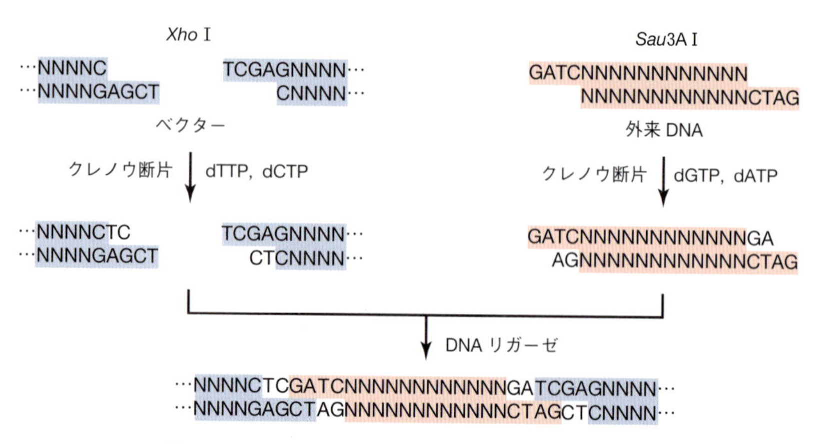

図 9・7　部分充塡法によるベクターと外来 DNA の結合

演習問題

9・1　大腸菌の二つの形質転換法を説明しなさい．

9・2　10 pg（ピコグラム）の DNA で大腸菌を形質転換したところ，10,000 個のアンピシリン耐性コロニーが現れた．このときの形質転換効率はいくつか．

9・3　3 kbp のプラスミドと 6 kbp の外来 DNA をリガーゼで結合するとき，それぞれの適切な濃度はどれくらいか．

9・4　ベクターに外来 DNA を結合するとき，ライゲーション効率を上げるためにどのような方法があり，なぜ効率が上がるのか説明しなさい．

10 PCR

概要 DNA を試験管内で増幅する反応は PCR とよばれている．PCR 反応で増幅した DNA 断片を効率よくクローニングするために，T ベクターが用いられる．微量の DNA の定量には定量 PCR が，PCR 増幅する正確さを高めるためにネステッド PCR が，未知の配列の PCR 増幅にはインバース PCR が用いられる．PCR を用いると部位特異的変異導入も可能である．100 ヌクレオチド程度までの短鎖 DNA は機械で合成できる．

重要語句 PCR，定量 PCR（Q-PCR），逆転写 PCR，T ベクター，ネステッド PCR，インバース PCR，部位特異的変異導入，リンカー，アダプター

行動目標
1. PCR の基本原理を説明できる．
2. 定量 PCR でコピー数の推定ができる．
3. T ベクター，ネステッド PCR，リバース PCR，部位特異的変異導入を説明できる．

10・1 PCR 反応

ポリメラーゼ連鎖反応（polymerase chain reaction，**PCR**）は目的 DNA を試験管内で増幅する技術である．この反応では，好熱菌由来の耐熱性 DNA ポリメラーゼを用いて DNA 複製反応を繰返す．DNA は高温で一本鎖に解離する．PCR は高温でも壊れない耐熱性 DNA ポリメラーゼを使うことにより，温度を上げ下げするだけで目的 DNA 断片を増やせるという画期的技術である．

PCR 反応の原理を図 10・1 に示す．

① 鋳型 DNA を含む反応溶液を高温にして一本鎖に解離する（変性，デナチュレーションとよぶ）．
② 温度を下げてプライマーを鋳型に対合する（**アニーリング**とよぶ．焼きなましのことで，鉄を高温に熱してゆっくり冷ますことに由来する）．
③ 耐熱性 DNA ポリメラーゼの最適温度で DNA を複製する．溶液を再び高温にして，二本鎖を解離する．

これを繰返すことで，DNA を倍々に増やすことができる．

実際にはゲノム DNA など，PCR で増幅したい領域よりも長い DNA を鋳型にすることが多い（図 10・2）．鋳型の変性とプライマーの対合を行い，複製反応を行うと，対合したプライマーから鋳型に沿って 3′ 方向に複製が進む．次の変性反応では鋳型が 2 種類になる．一つはもとのゲノム(Ⓐ)，もう一つは 1 回目の反応でできた 5′ 末端がプライマーの位置から始まる DNA 鎖である(Ⓑ)．ゲノムは変性後また鋳型となる．一方，プライマーから複製された DNA 鎖も次の複製の鋳型となる．プライマーが対合して複製されるとプライマーからプライマーまでの二つのプライマーで挟まれた領域の DNA 鎖となる．この DNA 鎖は次回のサイクルでの鋳型となり(Ⓒ)，2 倍，4 倍と指数関数的に増加していく．最終的にプライマーで挟まれた領域が増幅されることになる．

PCR 反応では，1 回のサイクル（変性，アニーリング，複製）で DNA 分子は 2 倍になる．30 回繰返せば $2^{30}=(2^{10})^3 \fallingdotseq (10^3)^3=10^9$，で十億倍となる計算になる．実際には，さまざまな理由により途中で飽和する．

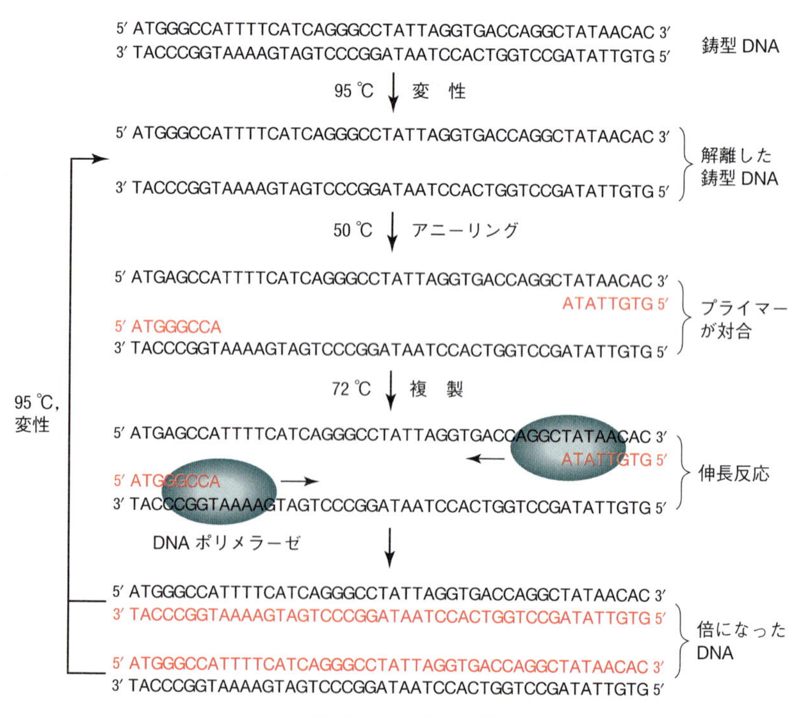

図 10・1　PCR 反応

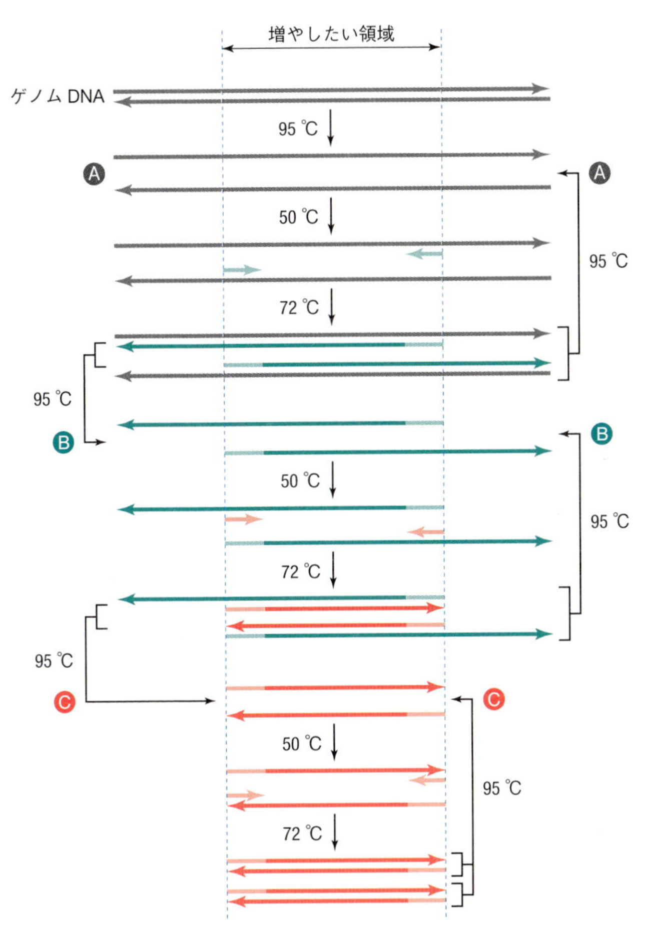

図 10・2　PCR 反応の実際

10・2　定量 PCR（Q-PCR，RT-PCR）

ごく微量の DNA 量を定量する目的で PCR が用いられる．定量を英語で quantification というので **Q-PCR** と略される．この方法では，PCR 反応の進行を同時にモニターするので，real time PCR，略して **RT-PCR** ともよばれる．ただし，RT-PCR は reverse transcription PCR（逆転写 PCR）の略称として用いられる場合もあるので，混同しないようにする必要がある．逆転写 PCR は定量 PCR とは別物である．

定量 PCR では PCR 反応を行いながら，増幅した DNA 量を測定する．図 10・3(a)は定量 PCR の結果で，増幅された DNA 量を対数で示している（相対値）．青線は検量線を描くために測定した分子数のわかっている試料で，赤線が未知試料のグラフである．非常に少ない DNA 量を測定することはできないので，測定限界以下の量はグラフに現れない．定量 PCR 反応溶液中に最初に含まれる分子数が多い場合には，比較的少ない回数の増幅で DNA が検出され，グラフは早く立ち上がる．分子数はコピーという単位で表される．1 コピーは 1 分子のことである．最初の分子数が少ない場合には，DNA が増幅されて DNA 量の増加が検出されるまでにより多い回数の増幅が必要になる．

ある一定の DNA 量になるのに必要な増幅回数，たとえば図の 10^2 になるのに必要な増幅回数を，最初の分子数に対応させて検量線（図 10・3b）を描く．未知試

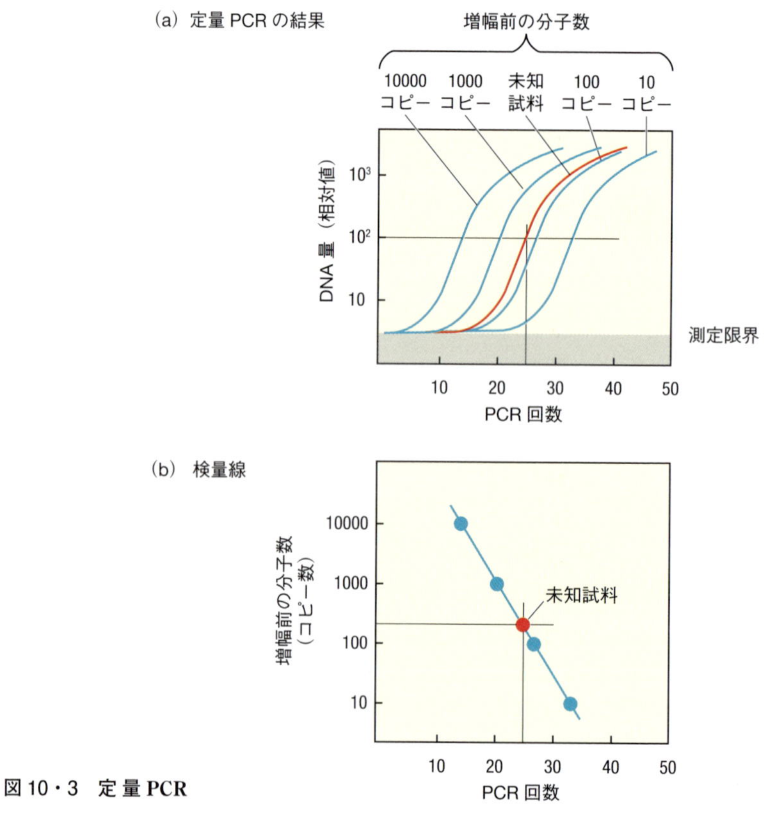

図 10・3 定量 PCR

料が 10^2 になるのに必要な回数（この場合は25回）から，未知試料に最初に含まれる分子数を推定できる．この場合の分子数は約200コピーと推定される．

10・3　逆転写 PCR

mRNAから逆転写酵素でcDNAを合成し，cDNAをもとにPCR反応を行うことを**逆転写 PCR**とよぶ．増幅したDNA量を定量することでmRNA量を定量する．PCR反応が順調に進行した場合には，最初の鋳型となるDNA量に応じてPCR産物が増加する．ただし，PCR反応のサイクル数が多くなると反応は飽和してDNA量が増えなくなる．反応が飽和していない条件でPCRを行えば，他のmRNA定量方法に比べて低濃度のmRNA量を定量することができる．厳密に定量するためには，mRNAからcDNAをつくったあと，定量PCRを行うほうがよい．

10・4　T ベクター

PCR反応によって増幅したDNA断片をベクターにクローニングする際に一つ問題がある．それは，PCR反応に用いられる耐熱性DNAポリメラーゼが，DNA 3′ 末端にヌクレオチドを一つ付加する性質をもっていることである．その結果，PCRで増幅したDNA末端は平滑ではなくなる．1ヌクレオチド突出しているために平滑末端ベクターではクローニングできなくなる．付加されるヌクレオチドとしてはアデノシンの場合が多い．そこで，ベクター 3′ 末端にチミジンを一つ付加した**T ベクター**がクローニングに用いられる（図10・4）．Aが突出した外来DNAとTベクターをリガーゼで結合させると，それぞれの分子は自己環化せず，両者の末端同士は相補的なので，効率よくPCR産物をクローニングすることができる．

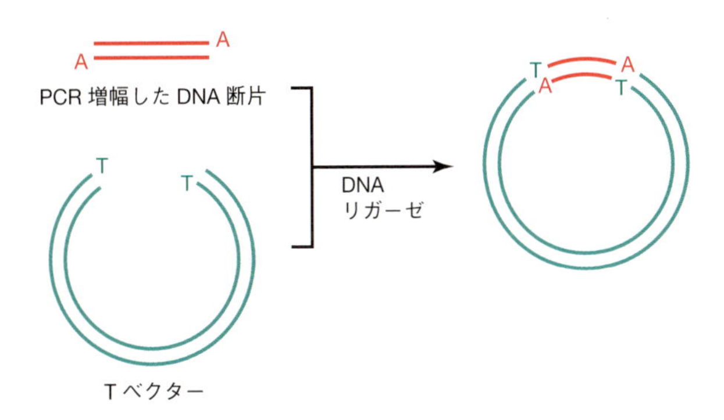

図10・4　T ベクター

10・5 ネステッド PCR

ネステッドのネストは巣の意味で，ネステッドは巣ごもりを意味する．ネステッド PCR では，目的の配列よりも少し広い領域をまず PCR 増幅する（図 10・5）．ついで，実際にほしい領域を PCR 増幅する．2 回目のプライマーが 1 回目のプライマーで挟まれた領域（巣）の内側なので，この名がついた．

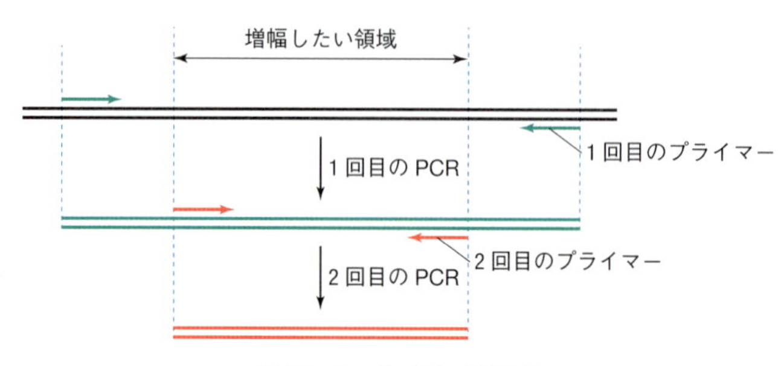

図 10・5 ネステッド PCR

ネステッド PCR は，一回の PCR で目的の配列を増幅できないときに採用される．PCR のプライマーの長さは通常 20 ヌクレオチド程度である．つまり，一つのプライマーは 4 の 20 乗の確率で結合部位を特異的に選択できるので，一組のプライマーで行う PCR では，4 の 40 乗に一つの配列を選択するほどの特異性をもっているはずである．しかし，プライマーは実際には少し異なる配列にも結合するため，目的配列以外の配列も増幅してしまうことが多い．そうした場合には，まず目的の配列よりも少し外側を 1 回目の PCR で増幅し，そのあと目的の配列を 2 回目の PCR で増幅する．20 ヌクレオチドがたまたま 4 本分も似ているということは少ないので，目的の配列を選択的に増幅することができるようになる．

10・6 インバース PCR

インバース PCR とよばれる PCR は未知の配列を増幅する方法である．PCR では，プライマーとして用いる配列が既知でなければプライマーを設計できない．つまり，プライマーの配列をあらかじめ知っている必要があるので，PCR でまったく未知の配列を増幅することは普通はできない．

インバース PCR では，既知の配列の“外側”を増幅できる（図 10・6）．まずゲノム DNA を制限酵素で切断する．このとき，既知配列の中にその認識部位をもたない制限酵素を選ぶ．次にそれを自己環化させる．既知配列の外側に向かって

PCRを行うと，未知の領域が増幅される．PCR 1回目の反応では一本鎖に解離した環状DNAが鋳型となり，2回目以降は複製された直鎖状DNAが増幅する．

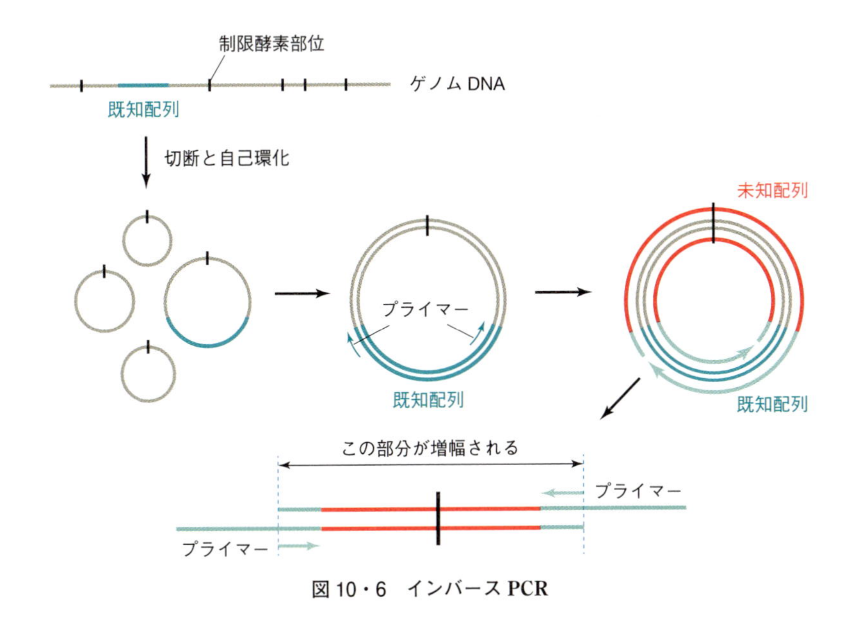

図10・6 インバースPCR

10・7 部位特異的変異導入

PCR反応によって**部位特異的変異導入**を行うことができる．部位特異的な変異導入とは，DNAの特定の位置を別のヌクレオチドに交換する，あるいは特定の位置にヌクレオチドを挿入したり欠失させることをいう．PCR反応では，鋳型とまったく同じ配列でなくてもプライマーは対合して複製のプライマーとして機能する．これを利用して部位特異的変異導入を行う．

図10・7にPCR反応を用いた部位特異的変異導入を示す．

① 鋳型を解離して，鋳型DNAにプライマーを対合する．変異を導入したい場所の配列をプライマーとして用い，目的の変異を入れておく．プライマーは鋳型と対合しないヌクレオチド（ミスマッチという）をもつことになるが，適当な条件下でプライマーは鋳型と対合する．

② 複製すると，変異したヌクレオチドをもつ全長DNA鎖となる．

③ この変異が入ったDNA鎖は次のPCR反応で，2本とも変異の入ったDNAとなる．

④ この二本鎖が鋳型となる次の反応以降では，もとのGC塩基対がAT塩基対に代わったDNA鎖が増えていく．なお，実際の部位特異的変異導入プライマーでは，変異導入塩基の前後に十分な塩基数が必要である．

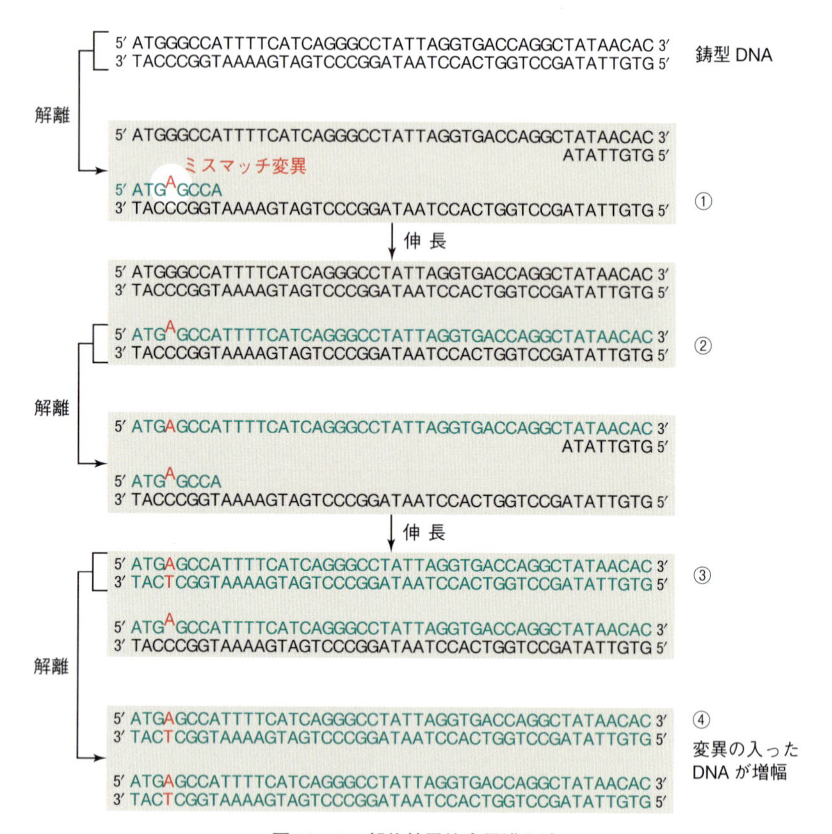

図 10・7　部位特異的変異導入法

図10・7ではプライマーに変異を導入したので，増幅するDNA鎖の端近くに変異が導入された．DNA鎖の内側中央部に変異を導入したい場合には，図10・7のPCRを組合わせる（図10・8）．

① まず，変異を導入したプライマーbとプライマーb′を中心に，左側（PCR 1）と右側（PCR 2）それぞれ半分ずつを増幅する．

② この二つのDNA断片を混合してPCR 3を行うと，PCR 1とPCR 2でできた断片が解離し，中央の両方の配列の重なった部分で対合する．（この二つの断片は

ロングプライマーとよばれる）すると，二つのDNA断片は自分の配列をプライマーとして，互いに相手を鋳型として複製を行い，中央に変異の入ったDNA断片となる．

③ ここでできあがるDNA断片の量は少ないので，さらにプライマーaとcを用いて全体を増幅する（PCR 4）．

こうしてDNA配列の中央部に部位特異的に変異の入ったDNA断片を得ることができる．

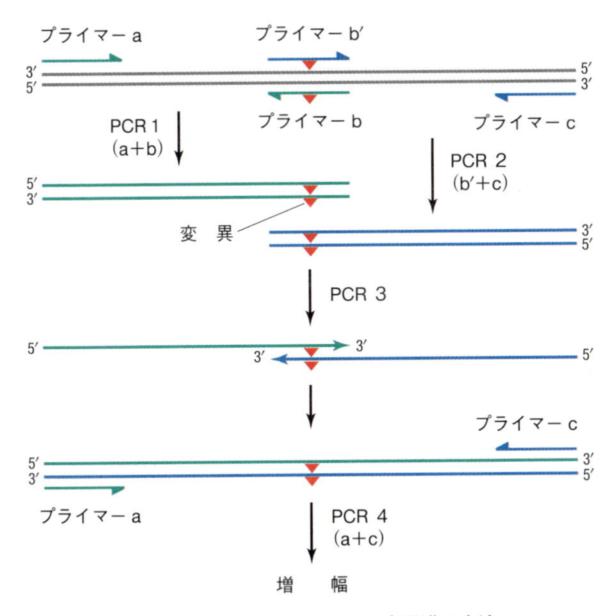

図10・8　DNA断片中央部への変異導入方法

10・8　DNA配列の機械合成

PCR反応で用いるプライマーは，機械で合成する．DNAポリメラーゼによる反応では，細胞内でも試験管内でもデオキシリボヌクレオシド三リン酸（dNTP）と鋳型，プライマーを用いてDNAが合成される．機械合成では，鋳型なしにヌクレオチドを一つずつ化学反応でつないでDNA鎖を合成する．100ヌクレオチド程度までは機械で合成できる．鋳型がないので自由な配列を合成できる．

機械合成では，DNAポリメラーゼでは難しい配列の合成もできる．たとえば混合塩基が合成できる．混合塩基とはDNA鎖を合成する途中で2種類以上のデオキシヌクレオチドの混合物を付加することをいう．たとえば，GGACC，GGTCC．GGGCC，GGCCCの四つの配列の混合物を一度に合成できる．このときGGNCCのように表し，真ん中の塩基を混合塩基とよぶ．Aを30%，Tを30%，Gを40%というように，ヌクレオチドを任意の比率で混合して合成することもできる．また，ACGT以外の特殊なデオキシリボヌクレオチドを取込ませることも可能である．たとえば，DNAにはふつう含まれないデオキシイノシン酸や修飾塩基，蛍光色素を結合した修飾塩基もつなぎ込むことができる．

10・9　リンカー，アダプター

プライマー以外にも機械合成で作製される短鎖DNAがある．**リンカー**と**アダプター**で，両者ともDNA断片の末端に制限酵素認識部位を導入するために用いられる．

たとえば*Eco*RIリンカーはGAATTCのように*Eco*RIの認識配列をもつパリンドロームの一本鎖DNAである（図10・9a）．合成するときは一本鎖であるが，自分自身で対合して二本鎖DNAになる．リンカーをDNA二本鎖平滑末端に結合すると，そのDNA末端に*Eco*RI制限酵素認識配列を導入できる．第6章のM13mp18のポ

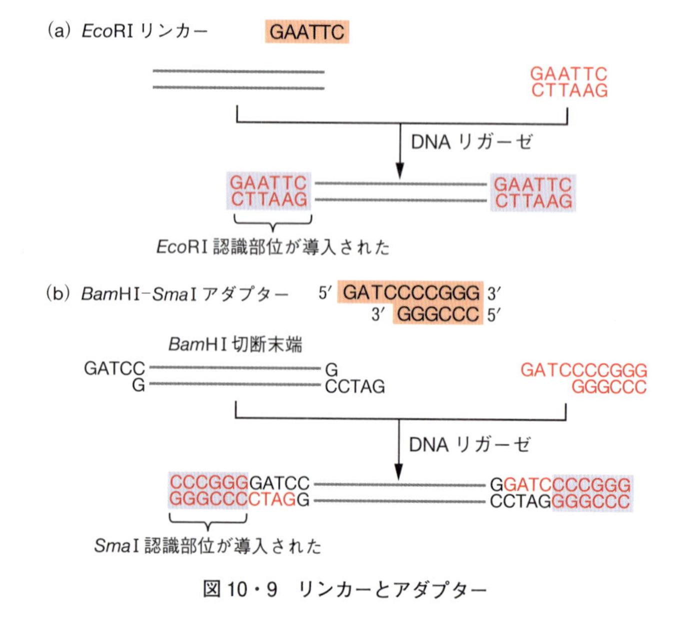

図10・9　リンカーとアダプター

リリンカー部位は，制限酵素部位がリンカーとして多数導入されていることを意味している．

アダプターも似た使い方をするが，アダプターでは2種類のDNA鎖を用いる．たとえば*Bam*HI−*Sma*Iアダプターでは，GATCCCCGGGとCCCGGGの2種類のDNA鎖を合成する（図10・9b）．この2種類のDNA鎖は部分的に相補的で，その部分で対合して二本鎖となる．すると5′突出部分GATCは*Bam*HIの粘着末端と相補的配列になる．アダプターをDNAの*Bam*HI末端に結合させると二本鎖部分CCCGGG（*Sma*I認識部位）が付加されることになる．このように，アダプターは制限酵素認識部位を変換するのに用いられる．

演習問題

10・1 次の方法を説明しなさい．

(a) 定量PCR（Q-PCR）

(b) Tベクター

(c) ネステッドPCR

(d) インバースPCR

10・2 次の配列は何種類のDNA配列の混合物か．NとYは表2・2参照．

(a) GG(A/T)(A/T/G/C)CT

(b) ATNGCYS

11 ライブラリー作製

概要 遺伝子ライブラリーは多種類のDNA断片をつないだベクターの混合物である．これはある生物のDNAを断片化して保管した倉庫のようなもので，ここから特定の遺伝子をクローニングする．ライブラリーにはゲノムDNAから作製するゲノムライブラリーとmRNAから作製するcDNAライブラリーがある．この二つのライブラリーは作製方法だけでなく，イントロンを含むかどうかなどの違いがある．ライブラリーから，たとえばコロニーハイブリッド形成法でクローンを選択する．

重要語句 ゲノムライブラリー，cDNAライブラリー，制限酵素部分切断，イントロン，偽遺伝子，コロニーハイブリッド形成法，プラークハイブリッド形成法

行動目標
1. ゲノムライブラリーの作製法を説明できる．
2. cDNAライブラリーの作製法を説明できる．
3. ゲノムライブラリーとcDNAライブラリーの違いを説明できる．
4. コロニーハイブリッド形成法を説明できる．

11・1 遺伝子ライブラリー

ゲノムDNAを制限酵素で切断すると，数千から数百万種類の異なるDNA断片の混合物となる．それをベクターに結合して大腸菌中で増幅する．この多種のDNA断片を結合したベクターの混合物のことを，あたかも図書館のようにたくさ

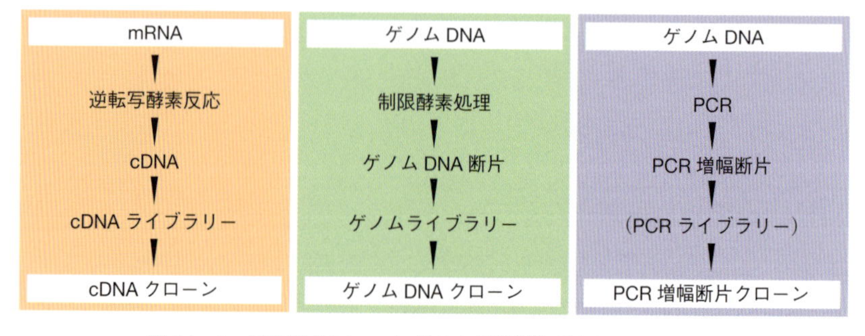

図11・1 遺伝子クローニングの出発材料と得られるクローン

んの遺伝子(情報)が含まれていることから**遺伝子ライブラリー**とよぶ．遺伝子ライブラリーにはゲノム DNA から作製するゲノムライブラリーと，mRNA から作製する cDNA ライブラリーがある．作製したライブラリーから，たとえばコロニーハイブリッド形成法などで目的のクローンを選び出す（図 11・1）．PCR を用いた場合は目的の DNA 配列を特異的に増幅できることも多いのでふつうはライブラリーとはよばないが，増幅した DNA 断片混合物の中から同じように目的配列を選び出す操作を行う．ライブラリーの中から目的とする遺伝子を選び出すための多くの方法が考案されている．それについては第 12 章以降で解説する．

11・2 ゲノムライブラリー

ゲノムライブラリーはゲノム DNA から作製される．ゲノム DNA を適当な制限酵素で切断してベクターと結合する．目的とする遺伝子の周辺に都合よく制限酵素切断部位があればよいが，そうとは限らない．その遺伝子近傍には制限酵素切断部位がないかもしれない．そこで，切断部位が近接して多数ある *Sau*3AI で“部分的に”切断する方法（**制限酵素部分切断**）がしばしば用いられる．*Sau*3AI は 4 塩基

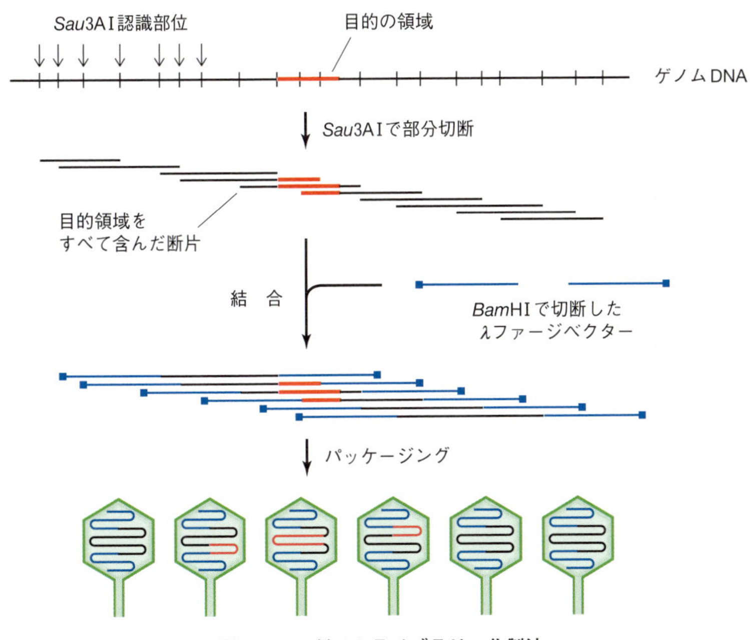

図 11・2 ゲノムライブラリー作製法

（GATC）を認識するので“完全に”切断するとDNA断片は短くなりすぎるが，適度な頻度で部分切断することで適当な長さ（たとえば数千塩基対程度）のDNA断片とすることができる．すると，多数の切断パターンの中にうまく目的配列を含む断片が得られる確率が高まる．

ゲノムライブラリーの作製法を図11・2に示す．ゲノムDNA上には*Sau*3AIの認識部位が多数ある．

① *Sau*3AIで部分切断すると適度な頻度で切断が起こるので，多種類の部分切断断片ができる．切断がさまざまな位置で起こるため，目的とする領域をすべて含む断片を得る確率も高い．
② 制限酵素*Bam*HIで切断したλファージベクターの両腕と部分切断ゲノムDNA断片を結合する（*Sau*3AIの切断末端と*Bam*HIの切断末端は相補配列になる）．さまざまな部分切断ゲノムDNA断片を結合したλファージDNAができる．
③ それをパッケージングエクストラクトと混合するとファージ粒子ができあがる．パッケージングエクストラクトは隣接する*cos*部位を認識して，*cos*部位に挟まれたDNAを頭殻に詰め込みファージ粒子を形成する（§7・2参照）．
④ 大腸菌に感染させてファージを増殖してゲノムライブラリーを作製する．

11・3 cDNAライブラリー

cDNAはmRNAから逆転写酵素とRNアーゼH，DNAポリメラーゼIを用いて作製される（図4・9参照）．細胞から抽出したmRNAから作製したcDNAをベクターに結合し，大腸菌内で増幅した混合物が**cDNAライブラリー**である．効率よくcDNAライブラリーを作製するためのさまざまな工夫がある．cDNAライブラリーを自分でつくる機会はあまりないかもしれないが，遺伝子操作の工夫のよい参考になる．

11・3・1 リンカーとDNAメチラーゼを用いたcDNAライブラリー作製

図11・3は，リンカーとDNAメチラーゼを用いたcDNAライブラリー作製法である．

① 二本鎖cDNAの末端を，DNAポリメラーゼIとdNTPを用いて平滑にする．
② 後で*Eco*RIで切断したときにcDNAが切断されるのを防ぐために，*Eco*RIメチラーゼで*Eco*RI認識配列をメチル化する．
③ *Eco*RIリンカーをcDNA末端に結合する．複数の*Eco*RIリンカーが結合する．
④ *Eco*RIでリンカーを切断すると一番内側のリンカーの粘着末端が残り，5′末端

にはリン酸基(Ⓟ)が結合している.

⑤ プラスミドベクターのクローニング部位を*Eco*RⅠで切断したあと，アルカリホスファターゼで処理して5′末端のリン酸基を除去する.

⑥ cDNAとベクターをリガーゼで結合する.

用いたcDNAは多種のmRNAから作製したcDNAの混合物なので，大腸菌で増幅するとcDNAライブラリーとなる．cDNAと結合しなかったベクターには5′末端のリン酸基がないため，末端同士で結合して環状化すること（自己環化）ができず増幅されない.

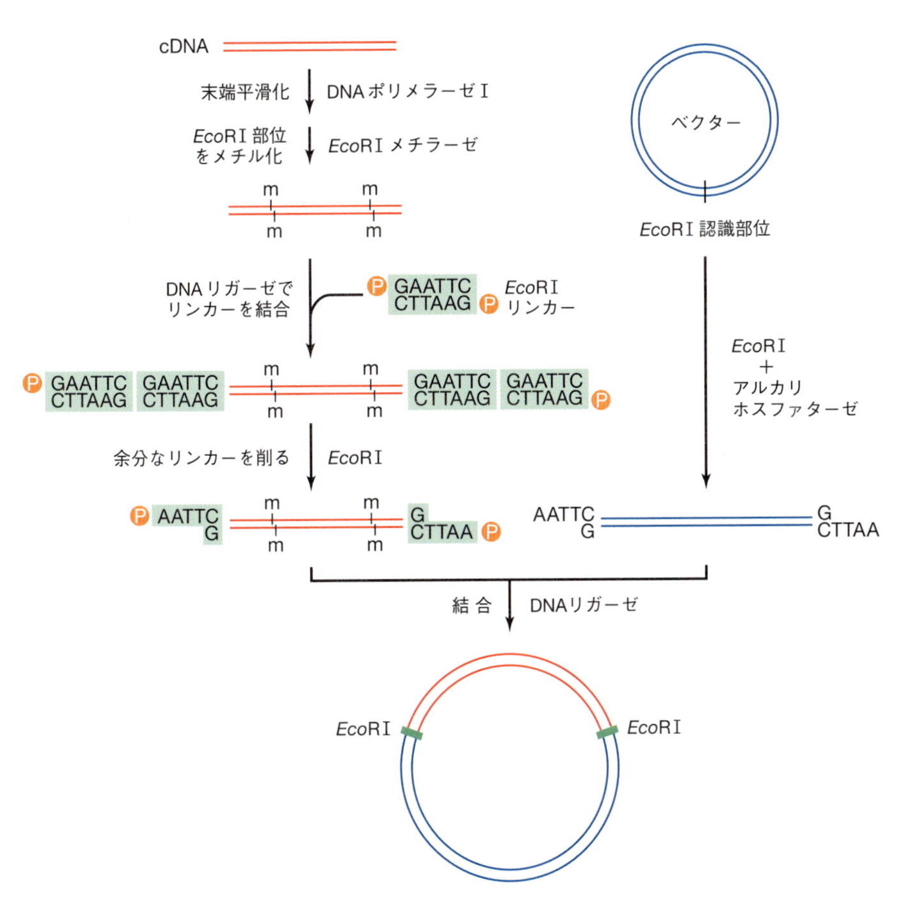

図11・3　リンカーを用いたcDNAライブラリー作製

11・3・2 アダプターを用いた cDNA ライブラリー作製

図 11・4 は，アダプターを用いた cDNA ライブラリー作製法である．

① 末端を平滑化した二本鎖 cDNA に *Eco*RI アダプターを結合する．アダプターの短い方の DNA 鎖は 5′ 末端をリン酸化しておき，長い方の DNA 鎖はリン酸化しない．すると，アダプターは cDNA の平滑末端に結合するが，粘着末端の結合は起こらない．また，アダプター平滑末端同士で二量体は形成されるが，粘着末端での結合は起こらない．

② アダプター二量体は cDNA に比べてはるかに短いので，分子量の違いを利用し

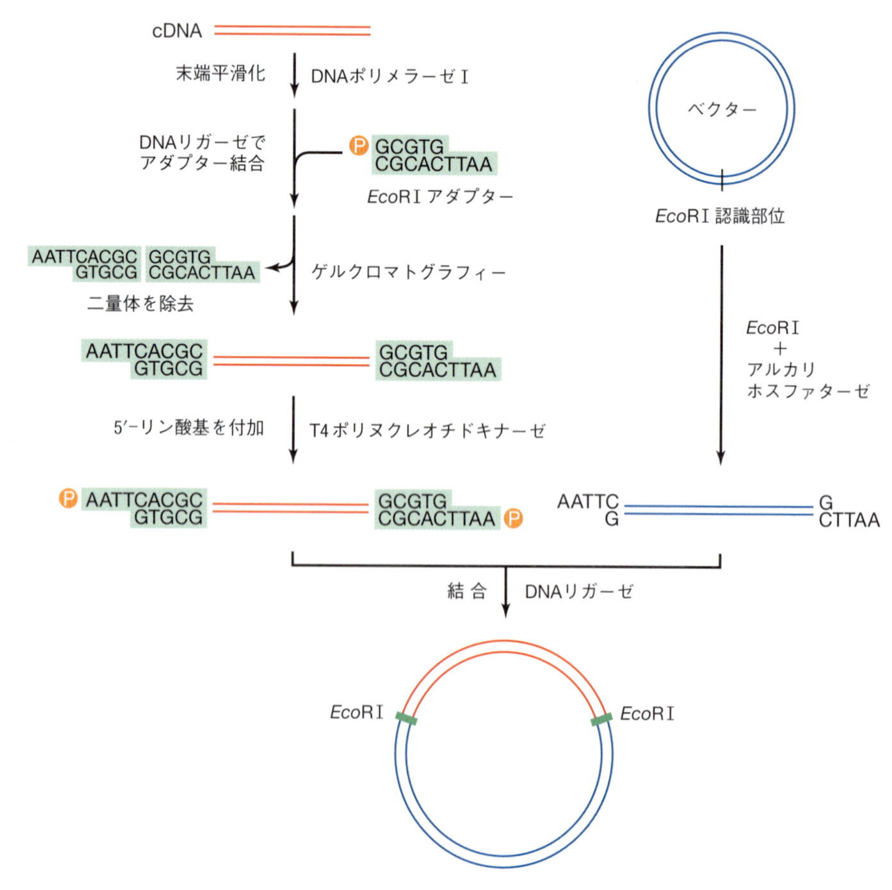

図 11・4 アダプターを用いた cDNA ライブラリー作製

てゲルクロマトグラフィーで除去できる．
③ cDNA アダプター末端を T4 ポリヌクレオチドキナーゼでリン酸化する．
④ ベクターのクローニング部位を *Eco*RI で切断し，アルカリホスファターゼで脱リン酸しておく．
⑤ cDNA とベクターをリガーゼで結合する．

11・3・3　ターミナルトランスフェラーゼを用いた cDNA ライブラリー作製

図 11・5 はターミナルトランスフェラーゼを用いた cDNA ライブラリー作製法である．ターミナルトランスフェラーゼは DNA の 3′ 末端に鋳型なしでデオキシリボヌクレオチドを付加する酵素である．cDNA の平滑末端にターミナルトランスフェラーゼを用いて dGTP を重合すると，cDNA の自己環化は起こらなくなる．また，ベクターを制限酵素で切断してできた平滑末端にターミナルトランスフェラー

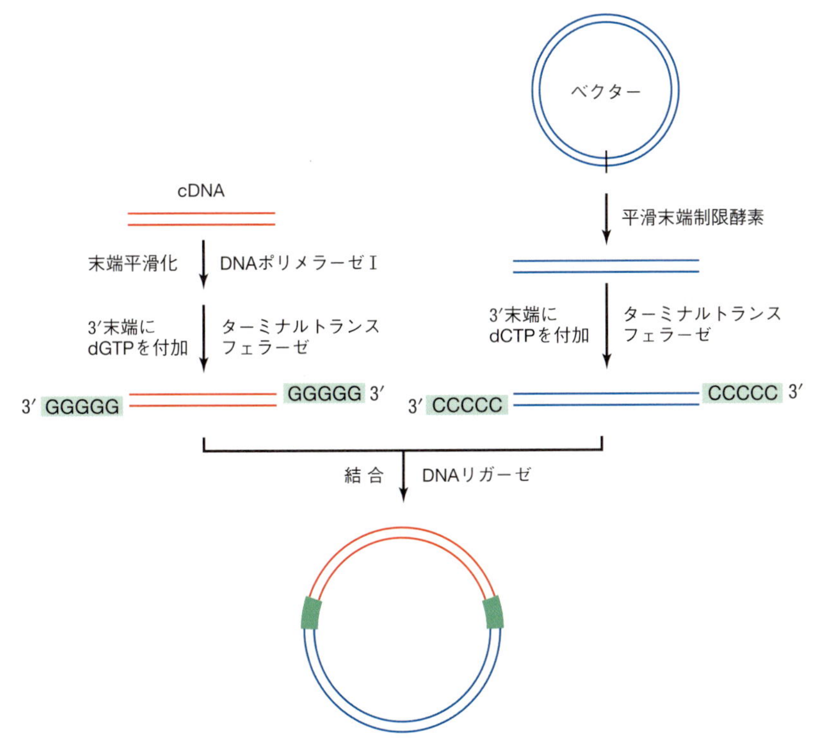

図 11・5　ターミナルトランスフェラーゼを用いた cDNA ライブラリー作製

ゼで dCTP を重合させると，ベクターの自己環化も起こらなくなる．両者を混合してリガーゼで反応すると，両者は相補的なので効率よく結合する．

11・4　ゲノムライブラリーと cDNA ライブラリーの比較

ゲノム DNA と cDNA を比較するといくつかの点で違いがある（表 11・1）．mRNA に転写されるのはゲノム DNA のごく一部であり，それ以外の配列は mRNA に含まれないため，当然 cDNA にはそれらの配列は含まれない．すなわち，プロモーターやエンハンサーなどの転写制御因子はもちろん，遺伝子の上流と下流の領域，真核生物ゲノムの大部分を占める非遺伝子領域は含まれない．**偽遺伝子**（もともと遺伝子であったが機能を失った配列）も通常 mRNA とならない．また，遺伝子領域であっても，**イントロン**は mRNA になる過程で取除かれる．したがって，イントロンや転写制御情報，遺伝子以外のゲノム配列すべての情報を得るためにはゲノムライブラリーが必要となる．一方，発現するタンパク質に関する情報を得るためには cDNA が適当である．

表 11・1　ゲノムライブラリーと cDNA ライブラリーの特徴

	ゲノムライブラリー	cDNA ライブラリー
イントロン	含　む	原則として含まない
偽遺伝子	含　む	原則として含まない
臓器や組織での偏在	基本的にはない	ある．発現(転写)量に依存する
遺伝子の長さ	20〜600 kb	0.5〜10 kb
異なる DNA 断片あるいは RNA 分子の数(n)	3×10^9 bp(ヒト)を 1 クローンの平均塩基対で割った値	細胞当たり 2×10^5 mRNA 分子

ライブラリー作製の点でも cDNA ライブラリーとゲノムライブラリーで違いが生じる．ゲノムライブラリーは cDNA ライブラリーに比べて長い DNA 断片を多種類取扱う必要があるので，長い DNA を効率よく扱うことのできるベクター，たとえばファージでライブラリーをつくる必要がある．また，ゲノム DNA は体のどの組織からとっても基本的に同一で，ゲノムのどの部分の配列も均等な頻度で含まれる．一方，mRNA は遺伝子ごとに組織によって転写頻度が異なるため，多く転写された配列を多く含む．したがって，ゲノム DNA はどの組織から調製してもよいが，mRNA は目的とする遺伝子を発現している組織から調製して cDNA を作製する必要がある．

さらに両者では必要なライブラリーサイズも異なる．**ライブラリーサイズ**とは，ライブラリー中に含まれる異なるDNA断片を結合したクローン数をいう．確実に遺伝子をクローニングするためには，ライブラリーの中に目的遺伝子が含まれなければならない．そのためには，ライブラリーの中に十分な数のクローンが必要である．mRNAの場合には，1細胞当たり 2×10^5 分子のmRNAがあるので，この数を十分に越えるcDNAライブラリーサイズが必要である．ゲノムはmRNAに比べて情報量がはるかに大きいので，単純なクローン数ではなくゲノムライブラリーがもつ情報量が問題となる．ゲノムサイズ（ヒトの場合 3×10^9 塩基対）を，そのライブラリーを構成する1クローン当たりの平均塩基対で割った値を十分に越えるゲノムライブラリーサイズが必要である*．

11・5　コロニーハイブリッド形成法

ライブラリーから目的のクローンを探し出す方法にはいくつかある．図11・6にその一つ，**コロニーハイブリッド形成法**を示す．コロニーハイブリダイゼーションともいう．ハイブリット形成については第12章で詳しく説明する．

① プラスミドライブラリーをもつ大腸菌のコロニーを寒天培地に培養する．コロニーにはDNA断片をもつプラスミドが含まれている．
② 培地にナイロン膜を乗せてコロニーをナイロン膜に写し取る．
③ アルカリ溶液等の適当な処理で大腸菌細胞を破壊し，プラスミドを一本鎖としてナイロン膜に固定する．
④ ナイロン膜に固定されたライブラリーDNAにプローブをハイブリッド形成させる．プローブは目的クローンDNAとのみ結合（ハイブリッド形成）する．プローブは放射性同位体で標識しておく．
⑤ ハイブリッド形成しなかったプローブを洗い流した後，X線フィルムを感光させる．ナイロン膜に固定したDNAにハイブリッド形成したプローブの放射性同位体 ^{32}P から出た放射線がX線フィルムを感光させる．

もとの寒天培地上のその位置のコロニーが目的DNA配列を結合したプラスミドをもっていることがわかる．そのコロニーから大腸菌を培養してプラスミドを調製

＊　目的クローンを確率 P で得ようとした場合，異なるDNA断片あるいはRNA分子の数 n（表11・1）に対して，次の式で表されるライブラリーサイズ(N)をクローニングに用いる必要がある．ただしlnは自然対数．

$$N = \frac{\ln(1-P)}{\ln(1-1/n)}$$

すれば目的配列をもつ DNA 断片が得られる.

ファージライブラリーのプラークで同様の操作を行った場合は**プラークハイブリッド形成法**（プラークハイブリダイゼーション）とよぶ．プラークハイブリッド形成法では，寒天培地の上につくらせたファージライブラリーのプラークをナイロン膜に写し取り，ファージ DNA を固定する．その後の操作はコロニーハイブリッド形成法と同じで，目的配列をもつファージクローンをプローブで探し出してクローニングを行う.

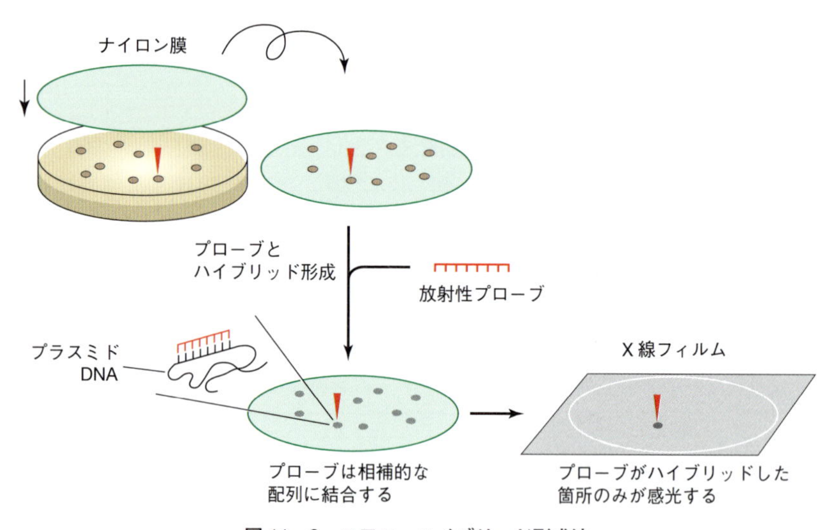

図 11・6　コロニーハイブリッド形成法

演習問題

11・1　ゲノムライブラリーの作製法を説明しなさい.

11・2　cDNA ライブラリーの作製法を説明しなさい.

11・3　ゲノムライブラリーと cDNA ライブラリーの違いを比較してまとめなさい.

11・4　コロニーハイブリッド形成法を説明しなさい.

12 ハイブリッド形成法

概要　遺伝子ライブラリーから目的とする遺伝子を選び出すための代表的な方法としてハイブリッド形成法がある．ハイブリッド形成法では，標的DNAとプローブハイブリッドの融解温度が重要である．検出に用いるプローブは放射性同位体で標識するほか，非放射性の標識も行われる．非放射性標識では，プローブに標識分子を結合し，標識分子を抗体などで結合，酵素反応で発色，蛍光，発光することによって検出する．

重要語句　ハイブリッド形成法，ハイブリダイゼーション，プローブ，融解温度（T_m），GC含量，放射性標識，非放射性標識

行動目標
1. ハイブリッド形成法を説明できる．
2. DNAの融解温度（T_m）を計算できる．
3. 非放射性標識プローブを用いた検出法を説明できる．
4. プローブの標識方法を説明できる．

ハイブリッド形成法は，ライブラリーの中から目的の遺伝子を探し出すための代表的な方法である．ハイブリッド形成（ハイブリダイゼーション）とは一本鎖DNAが相補配列部分で結合して二本鎖を形成することをいう．ハイブリッド形成法では，コロニーやファージプラークをナイロン膜に写し取ったあとDNAを膜に固定し，プローブとよばれるDNAでハイブリッド形成して目的のクローンを選び出す（§11・5参照）．ハイブリッド形成法は電気泳動で分離したDNAから目的DNAを検出するのにも用いられる（§14・1参照）．

プローブは探り針の意味で，何かを探すための道具はすべてプローブとよばれる．遺伝子工学では目的遺伝子とハイブリッド形成するDNAやRNAをプローブとよぶ．プローブがハイブリッド形成した位置を知るために，プローブには放射性同位体を結合したり（放射性標識），標識分子を結合しておく（非放射性標識）．

12・1 ハイブリッド形成法

ハイブリッド形成法の手順を図12・1に示す．

① コロニーやプラークを写し取ったナイロン膜（図 11・5 参照）に DNA を固定する.

② 放射性標識プローブとハイブリッド形成させる. このときプローブ DNA の融解温度 T_m（§12・2 参照）より 20〜25 ℃低い温度で行う. 時間は $Cot_{1/2}$ の 1〜3 倍の時間（あるいは一晩）. ここで $Cot_{1/2}$ はコットハーフと読み, 次の経験式で求められる. x: プローブ量(μg), y: プローブの長さ(kb), z: 体積(mL).

$$Cot_{1/2} = \frac{1}{x} \times \frac{y}{5} \times \frac{z}{10} \times 2 \tag{12・1}$$

③ 余分なプローブを洗い落とす.（この洗浄を行う温度と塩濃度が重要で, ここでどの程度厳密にハイブリッド形成したプローブを残すかを調節できる. 厳密に一致した配列だけを検出したい場合には, 塩濃度は低くし, 洗浄温度は高くする. まったく同じでない似た配列も検出したい場合には, 塩濃度を高くし, 温度を低くする. T_m から T_m より 20 ℃ほど低い温度の間で試す）

④ X 線フィルムを露光すると, プローブの結合した位置で X 線フィルムが感光する.

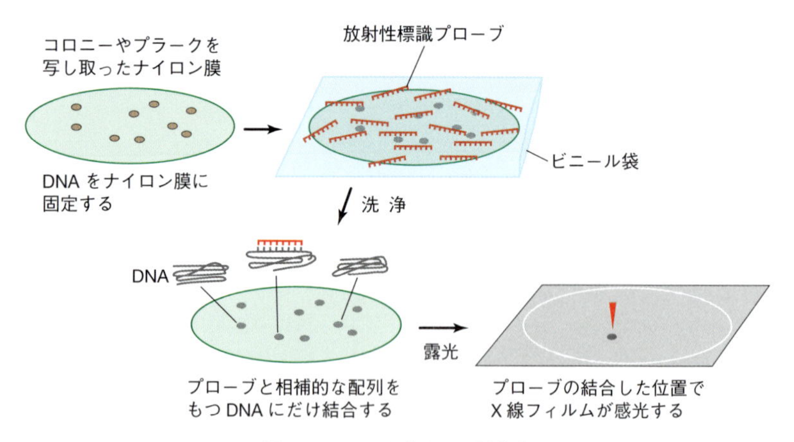

図 12・1　ハイブリッド形成法

プローブを検出する方法には放射性同位体標識のほかに, 蛍光, 発光, 発色などさまざまな方法が用いられている. これについては §12・3 で説明する.

12・2　DNA 二本鎖の融解温度 T_m

ハイブリッド形成では, 反応を行う溶液の組成と温度が重要である. DNA は低温では二本鎖で, 温度が上昇すると一本鎖に解離していく（図 12・2）. 二本鎖の比率はある温度付近で急に減る．二本鎖の比率が半分になる温度を**融解温度**（$\boldsymbol{T_m}$, melting temperature）とよぶ．二本鎖のほどけやすさは塩基対間の水素結合の数に依存するので，DNA が長いほど T_m が高く，塩基の G と C の比率が高いと T_m が高い．こうした T_m の高い DNA は高温まで二本鎖の状態を保っていられる．また，T_m は溶液の組成にも影響される．高塩濃度の溶液中では，DNA は安定となり T_m が高くなる．

こうした因子を考慮して T_m は経験的に次のような式で計算される．

$$T_m = 81.5 + 16.6(\log_{10}[Na^+]) + 0.41(\%G + \%C) - 0.63(\%FA) - (600/l) \quad (12 \cdot 2)$$

ここで，T_m: DNA 二本鎖が半分の量だけ一本鎖に解離する温度(℃)，$[Na^+]$: ナトリウム塩濃度(mol/L)，(%G＋%C): G と C の含量(%)の合計．(%FA): ホルムアミド濃度(%)，l: DNA の長さ(bp)．

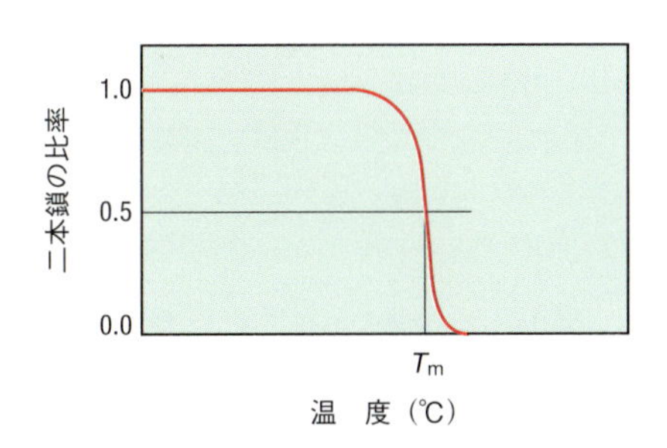

図 12・2　DNA 二本鎖比率の温度依存性と融解温度 $\boldsymbol{T_m}$

GC 塩基対のほうが AT 塩基対よりも安定なので，GC 含量〔G 含量(%)と C 含量(%)を合計した値〕が大きいほど T_m は高くなる．反応液中のナトリウム塩やホルムアミドの濃度を調節することで適当な T_m にすることができる．ナトリウムイオン濃度が高いと DNA 二本鎖は安定になり，ホルムアミド濃度が高いと DNA 二本鎖は不安定となる．(12・2)式は 2 本の鎖がまったく相補的な場合に成り立つ式であるが，配列が完全に相補的でない場合には配列相補性（あるいは相同性，ホモロジー）が 1% 下がるごとに T_m は 1〜1.5 ℃下がる．

また，短い DNA（30 塩基対程度より短い）の場合には次の式を用いた方が簡単である．

$$T_m = 4 \times (\text{G と C の塩基対数}) + 2 \times (\text{A と T の塩基対数}) \quad (12 \cdot 3)$$

12・3 プローブでの検出法

プローブがハイブリッド形成した位置はいくつかの方法で検出される．一つは放射性同位体を用いた**放射性標識**（放射能標識）で，放射性 ^{32}P のリン酸基を含むプローブが用いられる（図 12・3a）．あるいは，特殊な分子を標識分子としてプローブに結合させ，標識分子を検出する方法が用いられる（図 12・3b, c）．これは**非放射性標識**（非放射能標識）とよばれ，標識分子に結合するタンパク質に酵素を結合し，酵素反応で発色，蛍光，発光して検出する．

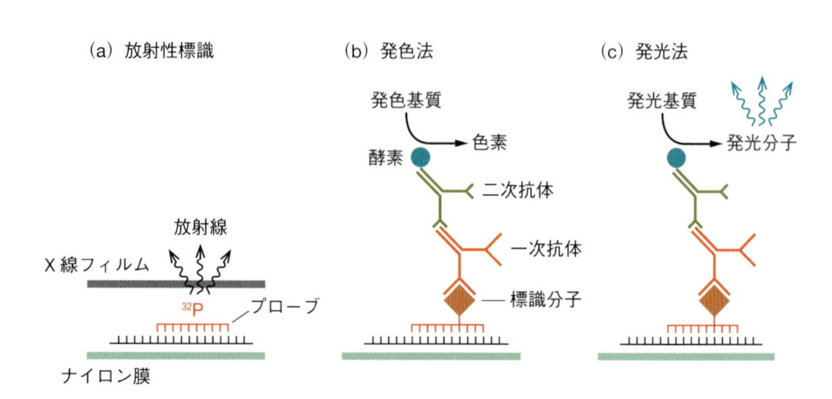

図 12・3　さまざまなプローブ検出法

(a) 放射性標識：^{32}P で標識したプローブを用い，^{32}P からの放射線を X 線フィルムで検出する（オートラジオグラムとよぶ）．現在は，X 線フィルムの代わりにイメージングプレートという特殊なプラスチック板を用いて放射性プローブを検出する場合も多い（図 12・4）．イメージングプレートを感光させると，放射線が当たったプラスチック分子が励起した状態になる．イメージングプレートを読み取り

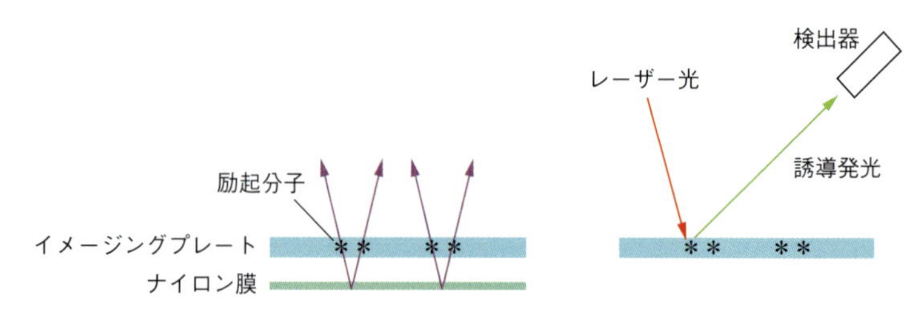

図 12・4　放射性プローブの機械式読み取り

機に入れてレーザー光を照射する．放射線で励起された分子から誘導発光という現象でレーザー光とは別の色の光が放射されるので，これを検出する．

(b) 発色法と蛍光法：プローブには標識分子（AAF，DIG など）を結合しておく．標識分子に一次抗体を結合し，一次抗体に酵素を結合した二次抗体を結合，二次抗体の酵素反応で発色基質から色素を生成して発色する．酵素反応で蛍光色素を生成すれば蛍光色素は紫外線照射で蛍光を発する．

(c) 発光法：(b)と同様に酵素を標的 DNA 配列に結合させ，発光基質を反応して光活性化状態の分子を生成し発光させる．

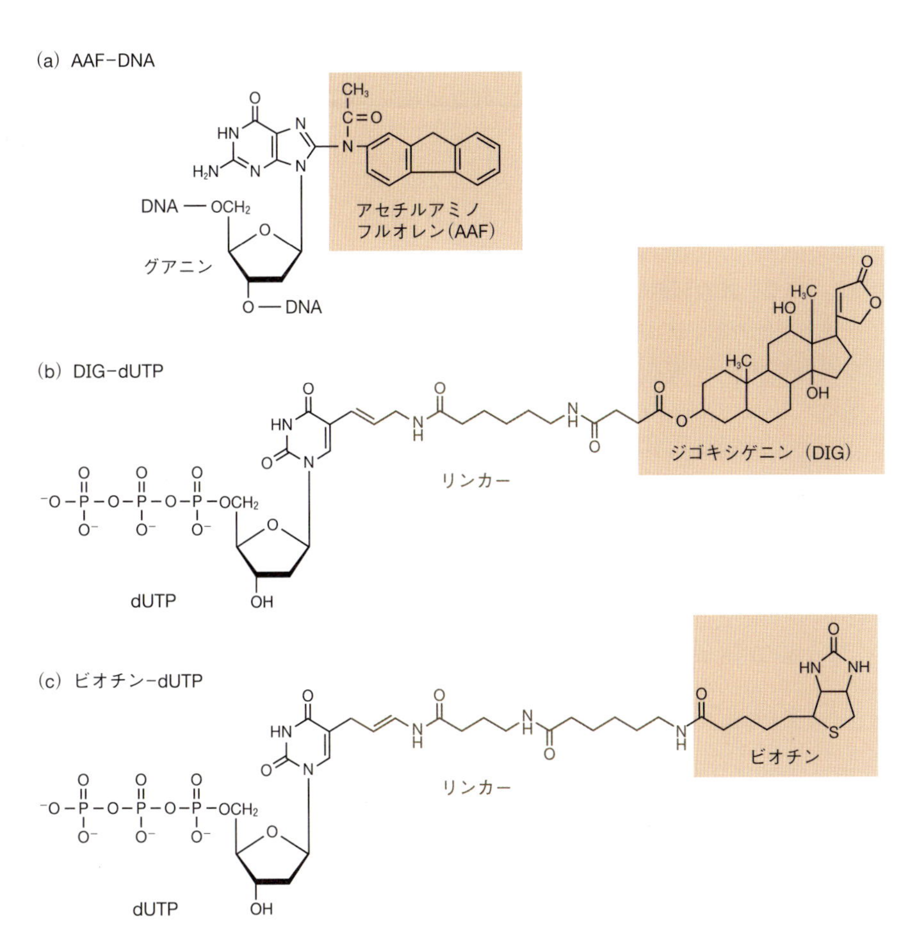

図 12・5 非放射性標識で用いられるプローブ結合分子

12・3・1　非放射性標識に用いる標識分子

非放射性標識でDNAプローブに結合させる分子は，大腸菌細胞には含まれない分子である必要がある．そうでないと，ナイロン膜のすべてのコロニーが検出されてしまう．また，プローブDNAに容易に結合できる分子がよい．さらに，その分子を特異的に検出する方法も必要である．こうした条件を満足するものとしてアセチルアミノフルオレン（**AAF**），ジゴキシゲニン（**DIG**），**ビオチン**が用いられている（図12・5）．AAFはDNA中の塩基を化学反応で修飾して用いる（図12・5a）．DIGとビオチンは修飾ヌクレオチド（図15・2b, c）としてDNAポリメラーゼ反応で取込ませることができる．AAFとDIGに特異的に結合する一次抗体としては抗AAF抗体，抗DIG抗体が用いられる．これらの一次抗体に酵素を結合させることもあるが，多くの場合抗体を抗原とする抗体（二次抗体）に酵素が結合したもの（酵素結合二次抗体）を利用する．二次抗体が一次抗体に複数結合することで，感度を上げることができる．ビオチンに対しては，ビオチンに特異的に結合するタンパク質であるアビジンに酵素を結合したものを利用して検出する．

12・3・2　非放射性標識に用いる酵素

非放射性標識では二つの酵素が用いられる．**アルカリホスファターゼ**と**ペルオキシダーゼ**の二つである．この二つの酵素は丈夫で，ハイブリッド形成の操作の間に失活しない．これらの酵素を用いると，下記のような反応を触媒して発色，発光，蛍光で検出できる（図12・6）．

1）アルカリホスファターゼ*

NBT + BCIP —（アルカリホスファターゼ）→ 発色（青）

AMPPD —（アルカリホスファターゼ）→ 励起分子 → 発 光

ファーストレッド —（アルカリホスファターゼ）→ 蛍光性の沈殿

2）ペルオキシダーゼ*

DAB + 塩化ニッケル —（ペルオキシダーゼ，H_2O_2）→ 発色（茶）

ルミノール —（ペルオキシダーゼ，H_2O_2）→ 励起分子 → 発 光

* NBT：ニトロブルーテトラゾリウム，BCIP：5′-ブロモ-4-クロロ-3-インドリルフェノール，AMPPD：(2′-スピロアダマンタン)4-メトキシ-4-(3′-ホスホリロキシ)フェニル-1,2-ジオキセタン，DAB：3,3′-ジアミノベンジン

(a) AMPPDとアルカリホスファターゼによる化学発光のしくみ

AMPPD →(アルカリホスファターゼ, PO_3^- 脱リン酸)→ 光活性化状態 →(発光)→ 基底状態

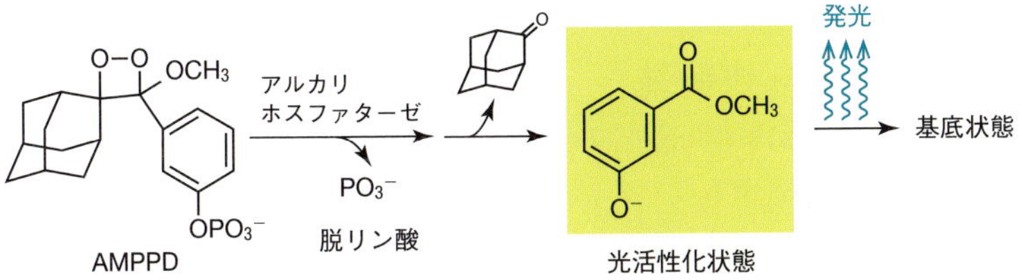

(b) ルミノールとペルオキシダーゼによる化学発光のしくみ

ルミノール →(ペルオキシダーゼ, H_2O_2, N_2)→ 光活性化状態 →(発光)→ 基底状態

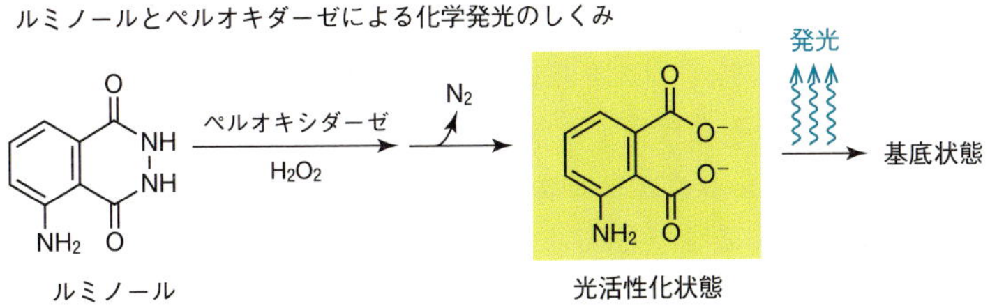

図12・6 発光法での発光基質と反応 基質から酵素反応によって光活性化状態の分子ができる．励起状態の電子が基底状態に戻るエネルギーで発光する．

表12・1 プローブ検出法の比較

	検出感度	装置の価格	手 間	フィルター再利用
RI（X線フィルム）	高	安	多	可
RI（イメージングプレート）	最 高	最 高	少	可
発 色	低〜中	安	少	不可
蛍 光	中〜高	中	中	可
発 光	高	安〜高	中	可

12・4 さまざまなプローブ検出法の比較

表12・1にさまざまな検出方法の比較をした．標的DNAにハイブリッド形成させたプローブを使用後にはずして，再度別のプローブでハイブリッド形成できるといくつかの目的で利用できる．たとえば標的DNA上の別の配列を標的とすることで，より確かに標的DNAのクローニングが可能になる．あるいは，同じライブラリーを用いて別の標的DNAのクローンを得ることができるかもしれない．表12・1でフィルターを再利用できるかどうかとはその操作の可能性を意味している．これらの検出方法のうち発色法は装置を必要としないので最も安価であり，X線フィルムも現像のための容器があればよいので安価である．残りの検出方法では撮像装

置が必要である.

12・5 プローブ作製法

ハイブリッド形成法に用いるプローブは放射性同位体で標識する場合と，非放射性分子で標識する場合がある．また，プローブとして用いる DNA 断片が長い場合と短い場合で標識方法が異なる．さまざまな標識法があるが，比較的一般的な方法に限定して説明する.

12・5・1 長いプローブの作製法

長いプローブを放射性標識する方法には，図 4・8 で説明したニックトランスレーションとランダムプライマー標識がある．しかし，これらの方法は標識する DNA を比較的多量に必要とする．PCR を用いると，少量の DNA で容易に比活性の高い放射性標識プローブを作製できる．PCR 反応を行うときに，dNTP のうちの 1 種類を放射性標識したデオキシリボヌクレオシド三リン酸（α-^{32}P-dNTP）にすればよい．比活性は放射性 ^{32}P の量を DNA 量で割って示される値で，比活性が高いほど高感度で検出できる．RNA ポリメラーゼと α-^{32}P-NTP を用いて RNA プローブを作製することもできる．RNA 鎖は DNA 鎖と安定なハイブリッド二本鎖を形成するので，RNA プローブを用いると目的 DNA を高感度で検出することができる.

長いプローブを非放射性標識する場合にも，ニックトランスレーションやランダムプライマー標識，PCR を用いた標識が行われる（図 4・8）．この場合，リンカー（この場合は分子と分子をつなぐ分子のこと）を介して dUTP と DIG を結合したもの（DIG-dUTP，図 12・5b）あるいはビオチンを結合したもの（ビオチン-dUTP，図 12・5c）を基質として取込ませる．また，RNA ポリメラーゼで鋳型から RNA を合成する際に DIG-dUTP やビオチン-dUTP を取込ませて RNA プローブを作製することもできる．AAF の場合には，一本鎖 DNA に AAF を加えて化学反応させることによって，おもにグアニン塩基を修飾する（図 12・5a）.

12・5・2 短いプローブの作製法

短いプローブは DNA を機械合成して，その末端を修飾することによって作製できる．放射性標識の場合には末端のリン酸化が利用される．5′ 末端のリン酸基をアルカリホスファターゼで除去したあと，T4 ポリヌクレオチドキナーゼと ATP を用いて標識する（図 12・7）．キナーゼは ATP のリン酸基を転移する酵素で，γ 位のリン酸基を転移するので，γ 位に放射性リン酸基が結合した γ-^{32}P-ATP を用いる．

非放射性標識の場合，DNA 鎖に標識分子を結合させ，その標識分子と結合する抗体と酵素反応を用いて検出する．短い DNA 鎖は機械合成するが，その際標識分子で修飾したヌクレオチドを結合させる．

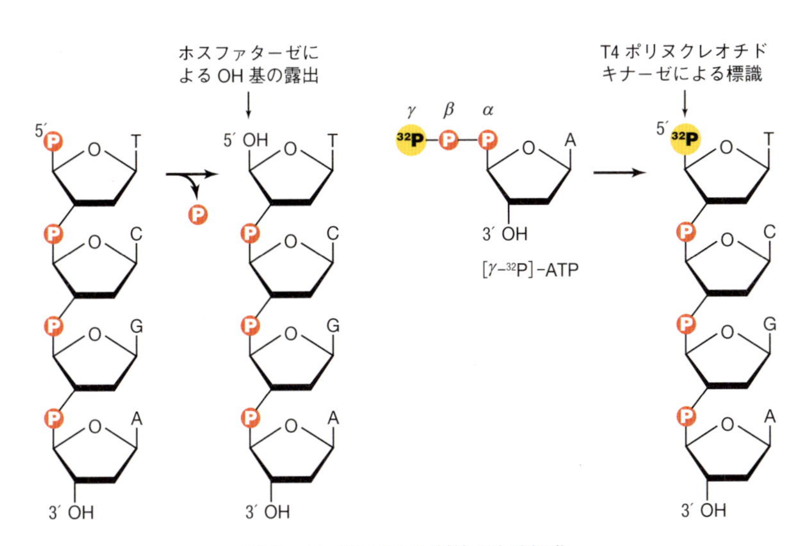

図 12・7 短い DNA 断片の末端標識

演習問題

12・1 次の T_m を計算しなさい．

1）NaCl 1.0 M，%G＋%C＝50%，%FA＝0%，DNA の長さ 100 塩基

2）NaCl 0.1 M，%G＋%C＝40%，%FA＝20%，DNA の長さ 50 塩基

3）次の配列 TAATTCCCCGGGCCG

12・2 非放射性標識プローブを用いた発色法を説明しなさい．

12・3 非放射性標識プローブを用いた発光法を説明しなさい（分子構造を書く必要はない）．

12・4 長い DNA の ^{32}P 標識方法を名称とともに二つ説明しなさい（図を書く必要はない）．

12・5 短い DNA の ^{32}P 標識方法を一つ説明しなさい（図を書く必要はない）．

13 さまざまなクローン検出法

概要 ライブラリーからクローンを検出する方法はさまざまである．目的遺伝子の相同遺伝子クローンがある場合には，ハイブリッド形成法によってクローンを検出できる．目的タンパク質の抗体がある場合には，ウェスタン法が用いられる．大腸菌や酵母の遺伝子変異株がある場合には，遺伝子変異株を相補する遺伝子を検出することができる．また，標的タンパク質遺伝子のクローンをもっていて，標的タンパク質と結合するタンパク質を探したい場合は，ツーハイブリッド法で検出できる．

重要語句 ウェスタン法，機能相補，ツーハイブリッド法

行動目標
1. ウェスタン法について説明できる．
2. ツーハイブリッド法の説明ができる．
3. アミノ酸配列から DNA プローブ配列を設計できる．

目的の遺伝子を検出するクローン検出法は，対象とする生物や遺伝子に関する情報量によって変わる（表 13・1）．たとえば目的遺伝子と相同な遺伝子クローンをもっている場合には，その配列をプローブとして，コロニーハイブリッド形成法あるいはプラークハイブリッド形成法によって目的遺伝子を検出できる．これらの方法に関しては §11・5 および第 12 章で解説した．目的タンパク質の抗体がある場合には，抗体とタンパク質の結合でクローンを検出する（ウェスタン法）．遺伝子もタンパク質も未知な場合は，タンパク質の機能を指標としてクローンを検出する方法がある．大腸菌や酵母などの遺伝子変異株がある場合には，その機能を相補す

表 13・1　クローン検出法

情　報	原　理	クローン検出法
相同遺伝子クローン	ハイブリッド形成	コロニーハイブリッド形成法，プラークハイブリッド形成法
タンパク質抗体	タンパク質発現	ウェスタン法
遺伝子変異株	機能相補	宿主変異株の相補
標的タンパク質クローン	機能発現	ツーハイブリッド法

る遺伝子の検出ができる．標的タンパク質の遺伝子クローンをもっていて，その標的タンパク質と結合するタンパク質を検出したい場合にはツーハイブリッド法が用いられる．

13・1　タンパク質発現によるクローニング

既知の遺伝子の情報が類似遺伝子を含めてもまったくない場合には，その遺伝子の産物であるタンパク質の性質を用いたクローニングが検討される．たとえば目的タンパク質の抗体がある場合，ライブラリーからタンパク質を発現させて，そのタンパク質を抗体で検出する方法がある．これは**ウェスタン法**ともよばれる．

cDNA ファージライブラリーでタンパク質を発現させ，標的タンパク質の抗体を用いてクローニングする手順を図 13・1 に示す．

① cDNA ファージライブラリーと指示菌を混合して軟寒天で培養する．
② cDNA から発現するタンパク質はプラークに放出される．
③ PVDF 膜にタンパク質を写し取る．
④ 標的タンパク質に抗体を結合させ，酵素結合二次抗体を用いて発色させてクローンを検出する（検出方法は第 12 章参照）．

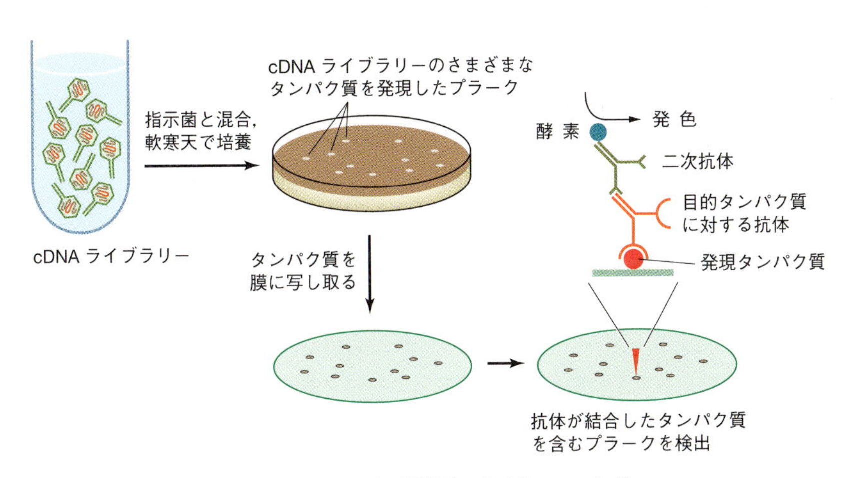

図 13・1　タンパク質発現によるクローニング

cDNA プラスミドライブラリーの場合は，コロニーを膜に写し取ったあと溶菌させ，同様にクローンを検出する．

13・2　タンパク質の機能相補によるクローニング

目的タンパク質の機能をもとにクローニングする方法もある．たとえば大腸菌，酵母などの変異株があれば，その変異を補うことで，遺伝子を検出することができる．たとえば，プロリン合成系が変異した大腸菌にプロリン合成系遺伝子をもつ遺伝子がクローニングされると，プロリンなしの培地で生育できるようになる．ライブラリーでプロリン要求変異株を形質転換して，プロリンを含まない培地で培養し，生育するコロニーを単離することで，プロリン合成系遺伝子をクローニングできる（図 13・2）．これを，その遺伝子が“変異を相補する”という言い方をする．

栄養要求性以外でも，たとえば DNA 複製や細胞分裂に関わるタンパク質の温度感受性株（高温で増殖できない）を宿主とし，cDNA ライブラリーで形質転換して高温で生育できるようになったクローンを選択すると，DNA 複製や細胞分裂に関わるタンパク質の遺伝子をクローニングすることができる．

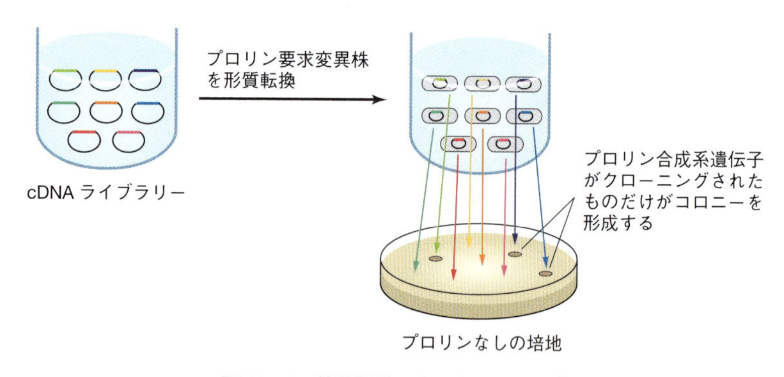

図 13・2　機能相補によるクローニング

13・3　タンパク質の機能発現によるクローニング（ツーハイブリッド法）

標的タンパク質（X とする）に結合するタンパク質 Y を探し出す方法が**ツーハイブリッド法**である（図 13・3）．この方法は，GAL4 という酵母の転写因子を用いて出芽酵母で行われる．

転写因子 GAL4 が上流活性化配列（GAL UAS）に結合すると，そのプロモーターを活性化して下流の遺伝子の転写が始まる．GAL4 は DNA 結合ドメイン（GAL4 dbd）と活性化ドメイン（GAL4 ad）に分離することができる．GAL4 dbd は単独では転写を誘導できず，GAL4 ad は単独では活性化配列に結合しない．そこで，

GAL4dbd にはタンパク質 X を融合し，GAL4ad には cDNA ライブラリーから発現したタンパク質群を融合させておく．GAL4ad に融合したタンパク質 Y がタンパク質 X に結合する性質をもっている場合には，GAL4ad と GAL4dbd が結合して転写を誘導する．下流に *HIS3* 遺伝子をレポーターとして結合すれば，ヒスチジンを含まない培地で生育できるようになり，コロニーを形成する．こうして，タンパク質 X に結合するタンパク質 Y をクローニングすることができる．

転写が起こったときにその程度を知るための遺伝子をレポーターとよぶ．ツーハイブリッド法では，ヒスチジン合成系遺伝子 *HIS3*，核酸合成系遺伝子 *ADE2* や，β-ガラクトシダーゼ遺伝子（青白判定）などがレポーター遺伝子として使われる．

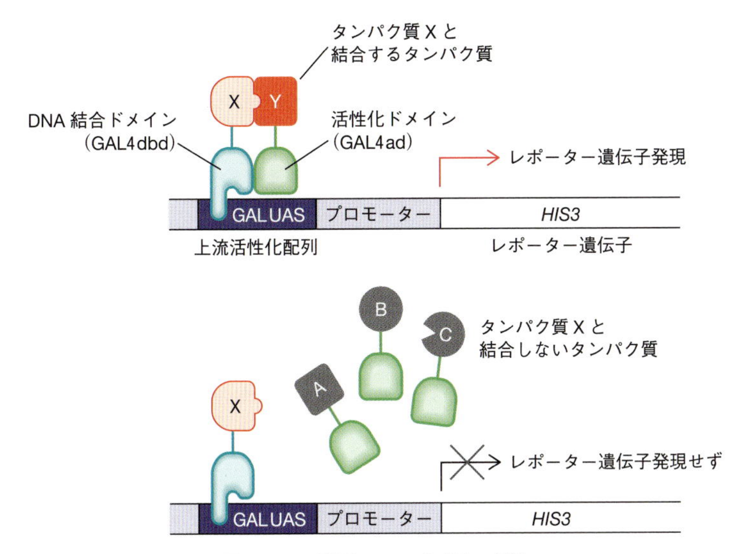

図 13・3　酵母ツーハイブリッド法

13・4　データベースをもとにしたクローニング

現在研究対象となっている代表的生物に関してはすでに全ゲノム配列が報告されている．そこで多くの研究は配列データベースの探索から始まる．すでに機能の知られたタンパク質と類似の機能をもつ遺伝子は，同じ生物のゲノム中にも，他の生物のゲノム中にもある可能性は高い．機能の知られた遺伝子の配列に似た配列をデータベース中で検索するとその候補配列が見つかる可能性がある．

データベースに候補遺伝子が見つかった場合，生物によっては cDNA のクローンが遺伝子バンクに保存されている可能性もある．データベースで見つけた遺伝子が遺伝子バンクに保存されていればそれを注文して入手できる．遺伝子バンクにない場合には，そのデータベースの情報をもとにPCRプライマーを設計して，ゲノムDNAあるいはcDNAからPCR法によって目的配列を増幅し，クローニングを行う．

対象とする生物のゲノム情報がない場合には遺伝子ライブラリーからクローニングする．類似生物ですでにわかっている配列をもとにプローブの作製を行う．そのプローブと結合するクローンをゲノムライブラリーあるいはcDNAライブラリーから選択する．既知の配列情報をもとにプローブを作製してコロニーハイブリッド形成法あるいはプラークハイブリッド形成法を用いて目的の配列をもつプラスミドあるいはファージクローンを選び出すことができる（§11・5参照）．

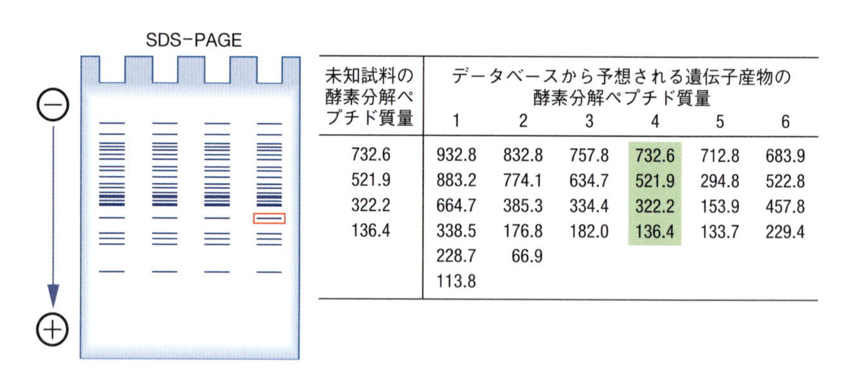

未知試料の酵素分解ペプチド質量	データベースから予想される遺伝子産物の酵素分解ペプチド質量 1	2	3	4	5	6
732.6	932.8	832.8	757.8	732.6	712.8	683.9
521.9	883.2	774.1	634.7	521.9	294.8	522.8
322.2	664.7	385.3	334.4	322.2	153.9	457.8
136.4	338.5	176.8	182.0	136.4	133.7	229.4
	228.7	66.9				
	113.8					

図13・4　未知のタンパク質の質量分析と遺伝子の同定

まったく未知のタンパク質であっても，ゲノム配列がわかっている生物の場合には，タンパク質の質量分析で遺伝子を特定することが可能である（図13・4）．

① タンパク質をSDS−ポリアクリルアミドゲル電気泳動（SDS−PAGE）して分離したタンパク質のバンドを切出す．

② タンパク質バンドをタンパク質分解酵素で複数のペプチド断片に切断した後，質量分析装置で解析すると，複数のペプチドの質量が得られる．

ゲノム配列の解析ですべての遺伝子は予想できるので，すべての遺伝子のアミノ酸配列を予想して，タンパク質分解酵素で現れるペプチドの質量予測ができる．実験で得られたタンパク質由来ペプチド質量の組合わせをゲノムから予想されるペプチド質量の組合わせと比較して，タンパク質の遺伝子を特定する．図13・4では未知のタンパク質は遺伝子産物4であろうと推定できる．遺伝子がわかれば，この節の最初のデータベースに遺伝子が見つかった場合の方法でクローニングができる．

ゲノム配列がわかっていない生物の新規タンパク質の場合には，アミノ酸配列を解析する．タンパク質分解酵素を用いてタンパク質を数個のペプチド断片に分けた後に，各ペプチド断片のアミノ酸配列を解析する．各ペプチドのN末端からエドマン分解という方法でタンパク質のアミノ酸配列を得ることができる．アミノ酸配列からDNA配列を推定する．メチオニンとトリプトファン以外は個々のアミノ酸に対して複数のコドンがあるので，DNA塩基配列は一通りには決まらない．しかし，アミノ酸配列に対応するいくつかのDNA配列の組合わせに絞り込むことはできる．そこで，そのいくつかのDNA配列の混合プローブを作製して（§10・8参照)，コロニーハイブリッド形成法あるいはプラークハイブリッド形成法が行われる．たとえば一文字表記でMDWVというアミノ酸配列が得られたとすると，コドン表(図2・8)よりATG GA(T/C)TGGGTというDNAをプローブとして用いればよい．(T/C) はTとCを混合して合成するということを意味している．

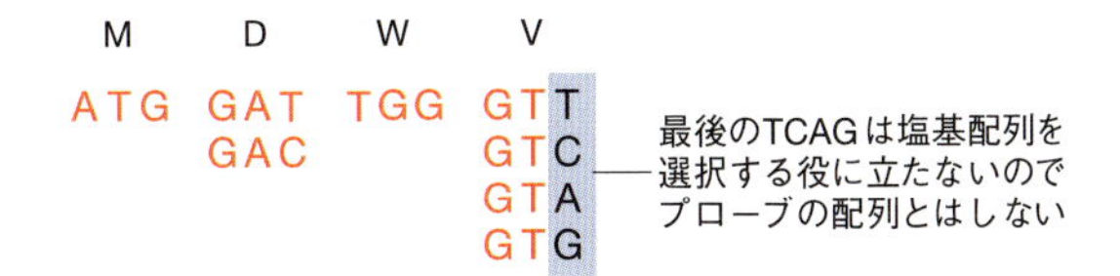

ゲノム未知の生物での新規タンパク質の場合には，タンパク質を精製して抗体を作製するという方法もある．この場合，cDNAライブラリーを作製して，ファージまたはコロニーライブラリーでタンパク質発現を行い，抗体を用いたウェスタン法（§13・1）で，目的のクローンを見つけ出す．

演習問題

13・1　ウェスタン法を説明しなさい．

13・2　酵母ツーハイブリッド法について説明しなさい．

13・3　アミノ酸配列MNWHFに基づいてDNAプローブを設計しなさい．また，このDNAプローブには何種類のDNA配列が含まれているか答えなさい．

14 遺伝子解析法

概要 遺伝子をクローニングしたら，その解析を行う．その遺伝子の周りにどのような制限酵素認識部位があるか，その遺伝子が生物個体のどのような組織のどのような細胞で，どのような時期にどの程度発現しているか，発現するときのmRNAの長さはどれくらいか，などを調べることになる．塩基配列の解読にはジデオキシリボヌクレオチドを用いたサンガー法が用いられる．

重要語句 サザンブロット法（サザンハイブリダイゼーション），ノーザンブロット法，ドットブロット法，ウェスタンブロット法，*in situ* ハイブリッド形成法，サンガー法

行動目標
1. サザン分析の結果を解釈できる．
2. DNA 塩基配列決定法を説明できる．

14・1 サザンブロット法

サザンブロット法は電気泳動後のDNAバンドを検出する方法である（図14・1）．この方法を考案したサザン氏の名前からこの名がついた．また，ハイブリッド形成の操作をするのでサザンハイブリッド形成法（サザンハイブリダイゼーション）ともよぶ．

① ゲノムDNAを制限酵素で切断してアガロースゲル電気泳動を行う．

② 沪紙で吸い上げた転写液をアガロースゲルを通して紙タオルで吸い取ると，ゲル中のDNA断片が移動してナイロン膜に吸着される．この操作をブロッティングとよぶ（blot 吸い取る）．

③ ナイロン膜に吸着させたDNA断片を一本鎖に解離して固定し，プローブでハイブリッド形成をしてX線フィルムを感光させる．プローブの検出された位置から，プローブの標的配列をもつDNA断片の長さを知ることができる．

初期には，ニトロセルロースフィルターとよばれる沪紙をDNAの固定に用いたが，現在はナイロン膜が用いられる．ハイブリッド形成の操作や，用いるプローブ作製については第12章を参照．サザンブロット法を用いると，たとえばプローブで検出されるDNA配列近傍の制限酵素認識部位を調べることができる．

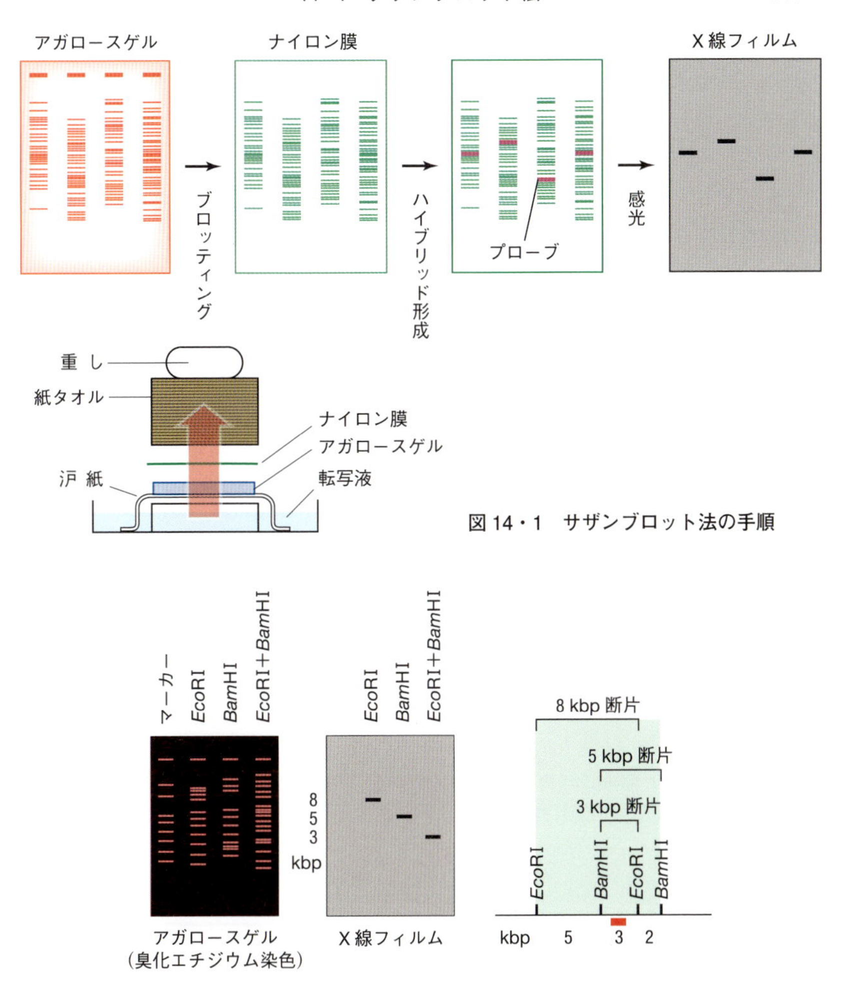

図14・1　サザンブロット法の手順

図14・2　サザンブロット法　左：DNA断片のアガロースゲル電気泳動断片を臭化エチジウムで染色．中：左のアガロースゲルをサザン分析した．右：サザン分析からわかる標的DNA配列周辺の制限酵素認識部位．

図14・2左は，制限酵素で切断したゲノムDNA断片をアガロースゲル電気泳動して，臭化エチジウムで染色した結果である．たくさんのDNA断片が見えるが，どれが目的のDNAであるかはわからない．サザン分析を行うと，DNA断片のうち，8 kbpの*Eco*RI断片，5 kbpの*Bam*HI断片に標的DNAがあり，両方の制限酵素で切断すると3 kbpのDNA断片に標的DNAがあることがわかる．この結果か

ら，標的 DNA の周辺には右図のような配置で制限酵素認識部位があることがわかる．ところで両方の酵素で切断したとき，左側の 5 kbp の断片と右側の 2 kbp の断片がサザン分析で検出されないのはなぜだろうか．重要な点は，プローブが対合する DNA 断片は検出できるが，対合しない断片は検出できない点である．したがって，左側の 5 kbp の断片と右側の 2 kbp の断片はプローブで検出できない．このサザン分析結果を説明できるこれ以外の制限酵素認識部位の配置があるか，考えてみてほしい．この配置と左右対称な配置は可能であるが，それ以外の配置はないことがわかると思う．

14・2 ノーザンブロット法

RNA を電気泳動したあとのハイブリッド形成法を**ノーザンブロット法**（ノーザンハイブリダイゼーション）という．ノーザン氏が考案したわけではなく，DNA が南なら RNA は北と半分冗談で命名された．細胞から抽出した mRNA をゲル電気泳動し，ナイロン膜にブロッティング，プローブでハイブリッド形成して，標的配列をもつ mRNA を検出する．プローブとして用いた配列をもつ mRNA の長さと量がわかる．RNA は DNA とハイブリッド形成するので，それを利用して DNA プローブで検出する．原核生物では，遺伝子がいくつかまとまって転写されるポリシストロニックオペロンが多い．ノーザンブロット法で，オペロンがどのような遺伝子を含んでいるかを分析することができる．また mRNA の量を測定して，条件による転写量の差や変動を分析できる．多細胞生物の場合には，異なる器官や臓器，組織や細胞による転写量の差，また発生段階での転写量の変動が分析できる．また，真核生物では RNA が転写されてからイントロンが切り取られてエキソンがつながり mRNA になる．遺伝子によっては複数のエキソンをもっていて，その組合わせが変わる場合がある．これはオルタナティブスプライシングとよばれている．エキソンごとに別のプローブでノーザン分析をすれば，オルタナティブスプライシングの情報が得られる．

14・3 ドットブロット法

mRNA を分析する際に電気泳動は行わないで，mRNA をナイロン膜に吸い取らせて固定しハイブリッド形成分析をする方法を**ドットブロット法**（ドットハイブリダイゼーション）とよぶ．ドットは点の意味で，小さな円形に mRNA を吸着させればドットになる．ただし点だとゴミと紛らわしいので短い直線状に吸着させるのが普通である（図 14・3）．ノーザン分析と異なり mRNA の長さの情報は得られないが，mRNA 量の変動や，複数のプローブを用いれば含まれる配列の分析は可能である．

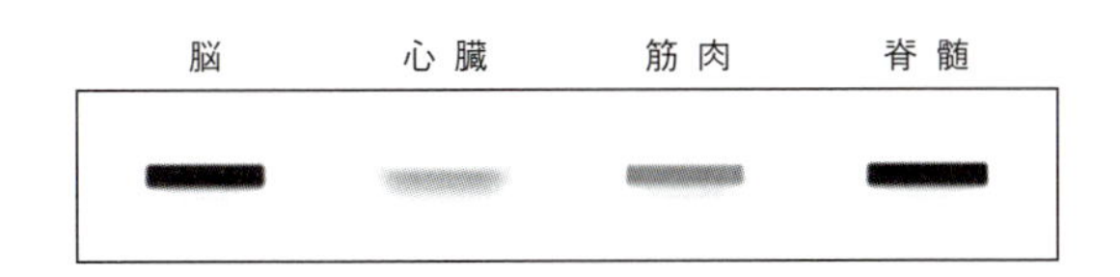

図 14・3　ドットブロット法　臓器ごとの遺伝子の発現量を調べる．

14・4　ウェスタンブロット法

タンパク質を電気泳動して膜に写し取り，プローブで検出する方法が**ウェスタンブロット法**である（図 14・4）．タンパク質を SDS-ポリアクリルアミドゲル電気泳動（SDS-polyacrylamide gel electrophoresis，SDS-PAGE）の後，PVDF (polyvinylidene difluoride，ポリフッ化ビニリデン）膜あるいはニトロセルロース膜に写し取る．核酸の場合は紙タオルで吸い上げることが多いが，アクリルアミドゲルはアガロースに比べて分子が移動しにくいので，タンパク質を電気泳動して PVDF 膜へ写し取る．タンパク質にタンパク質特異抗体を結合する．タンパク質特異抗体に酵素結合二次抗体を結合させ，酵素反応で発色する．蛍光色素を生成して蛍光で検出あるいは，発光基質を用いて発光によって検出することもできる．非放射性標識検出法は第 12 章で説明した．

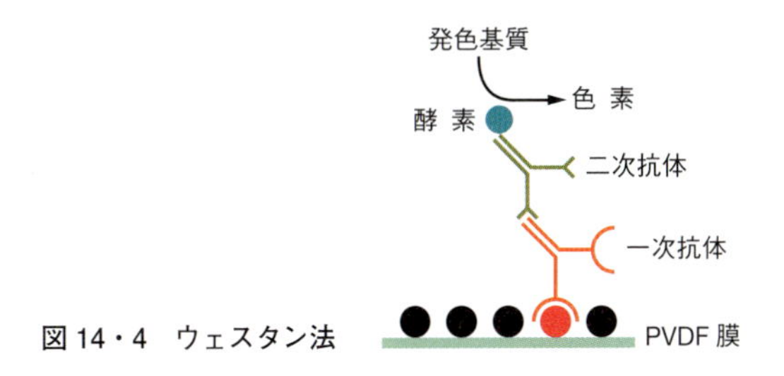

図 14・4　ウェスタン法

ウェスタンブロット法は，もともとは SDS-PAGE で分離したタンパク質の抗体を用いた解析のことであったが，現在はもう少し広く抗体を用いてタンパク質を検出する方法をウェスタン法とよぶ．たとえば，第 13 章でクローニングする場合に抗体を用いて，抗体と結合するタンパク質を発現するクローンを単離する方法の説明をした．

14・5 *in situ* ハイブリッド形成法

in situ（インサイチューと読む）とはラテン語で“その場で”（英語で at site）という意味である．小動物の個体，組織，細胞などをまるのままハイブリッド形成法に用いる．たとえば，個体では線虫丸ごと，マウスの輪切りや縦切りなどをそのままハイブリッド形成法に用いることができる．肺，心臓，脳，膵臓などの臓器も切片にして用いる．細胞の場合にもさまざまな細胞株や培養条件の異なる細胞を丸ごと用いることも可能である．これらの試料をスライドガラスに貼り付け，組織や構造が壊れないように細胞構成タンパク質などを化学的に架橋して物理的強度を上げる固定操作を行う．その後，プローブとハイブリッド形成を行う．この操作で，細胞ごとの mRNA の発現量を調べることができる．放射性標識したプローブを用いてオートラジオグラムで検出することもできるが，非放射性標識を用いた検出（発色，蛍光等）を行うのが普通である．

少し特殊な使い方として，細胞分裂中に出現する染色体を材料として，*in situ* ハイブリッド形成分析を行うことがある．分裂中期の染色体は大きさと形から各染色体を区別することが可能なので，どの染色体のどこら辺の位置に標的遺伝子があるのかを調べることができる．

14・6 DNA 塩基配列決定法

目的の性質をもつ DNA クローンが選び出された後，最初に行うべき解析の一つが **DNA 塩基配列決定**である．DNA 塩基の並び順を解読することを，DNA 塩基配列決定あるいは **DNA シークエンシング**とよぶ．二つの DNA 塩基配列決定法が開発された．初期にはマキサム・ギルバート法が用いられたが，現在はほとんど用いられない．ここでは，代表的な方法である**サンガー法**（**ジデオキシ法**ともいう）について解説する．この方法は F. サンガーらが開発したジデオキシリボヌクレオチドを用いる方法である．リボヌクレオチドと比べて，デオキシリボヌクレオチドは 2′ のヒドロキシ基がないが，ジデオキシリボヌクレオチドは 2′ と 3′ のヒドロキシ基がない（図 14・5）．すると，ジデオキシリボヌクレオシド三リン酸は複製反応で取込まれるが，取込まれたジデオキシリボヌクレオチドの 3′ にはヒドロキシ基がないので，伸長反応はそこで停まる．これを利用して DNA 塩基配列が決定される．

ジデオキシ法では，塩基配列決定する鋳型 DNA，その 3′ 末端に相補的な配列をもつプライマー，非標識のデオキシリボヌクレオシド三リン酸（dATP，dTTP，dCTP，dGTP），放射性同位体 ^{32}P で標識したデオキシリボヌクレオシド三リン酸（図では α-^{32}P-dCTP），ジデオキシリボヌクレオシド三リン酸（ddTTP，ddATP， ddCTP，ddGTP）のどれか一つと DNA ポリメラーゼを混合して反応する（図 14・5）．反応液は 4 種類用意することになり，ddTTP，ddATP，ddCTP，ddGTP のいずれかをデオキシリボヌクレオシド三リン酸の約千分の 1 の濃度で添加する．図には ddTTP の場合を示している．鋳型 DNA にプライマーが結合し，DNA ポリメラーゼがプライマーの 3′ 末端にデオキシリボヌクレオチドを付加して伸長反応が進む．^{32}P-CTP が取込まれると合成される DNA 鎖が放射性標識される．dTTP が取込まれた場合には伸長反応がそのまま続くが，ddTTP が取込まれた場合にはそこで伸長反応が停止する．したがって反応液は，ddTTP が取込まれたところで伸長反応が停止した合成 DNA の混合物となる．同様の反応を ddATP，ddCTP，ddGTP でも行う．ポリアクリルアミド電気泳動を行い，DNA の長さの違いによって分離する．短い DNA（早くに ddNTP が取込まれた DNA）ほど図の下へ泳動する．X 線フィルムを感光させると DNA 断片のある場所が黒くなる．それぞれの反応液から検出された断片の末端には反応液に入れたジデオキシリボヌクレオチドが

反 応 液

鋳型 DNA　3′-GGATCTCCGACATAGCAATT-5′
プライマー　5′-CCTAGAGG
非標識デオキシリボヌクレオチド
dTTP，dATP，dCTP，dGTP
放射性標識デオキシリボヌクレオチド
^{32}P-dCTP
ジデオキシリボヌクレオチド
ddTTP，ddATP，ddCTP，ddGTP のいずれか
DNA ポリメラーゼ

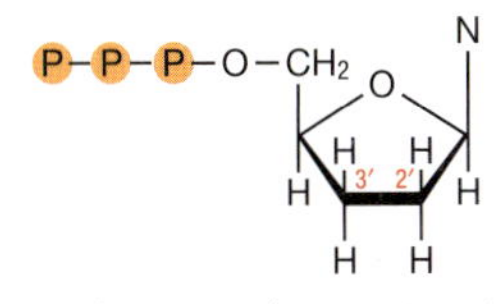

ジデオキシリボヌクレオチド

鋳型 DNA 3′-GGATCTCCGACATAGCAATT-5′
合成 DNA 5′-CCTAGAGGCT

3′-GGATCTCCGACATAGCAATT-5′
5′-CCTAGAGGCTGT

3′-GGATCTCCGACATAGCAATT-5′
5′-CCTAGAGGCTGTAT

3′-GGATCTCCGACATAGCAATT-5′
5′-CCTAGAGGCTGTATCGT

3′-GGATCTCCGACATAGCAATT-5′
5′-CCTAGAGGCTGTATCGTT

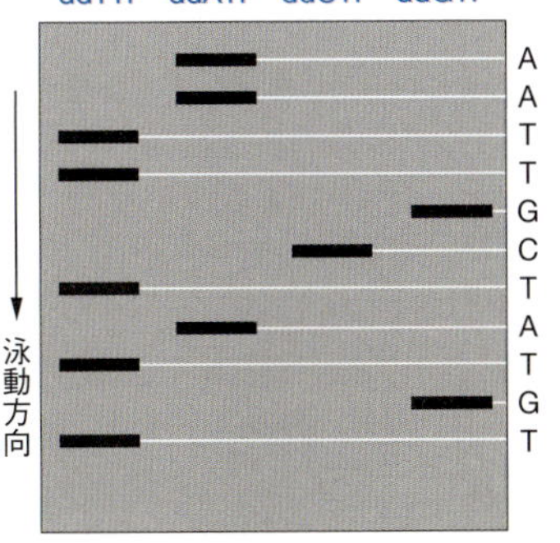

図 14・5　放射性同位体を用いた DNA 塩基配列決定法

付加されていることになる．この図では，電気泳動の最先端（図の最下段）まで泳動した分子が ddTTP の反応液で検出されるので，合成された DNA の末端は T であることがわかる．次の長さの DNA は ddGTP の反応，その次は ddTTP の反応で検出される．同様に泳動先端から順にどの列（レーンとよぶ）でバンドが検出されるかを見ていくことで DNA 塩基配列が図右端のように判明する．下から読んでいくと 5′−TGTATCG と読める．

現在は機械化されており，DNA ポリメラーゼ反応液を DNA シークエンサー（DNA 配列自動読み取り装置）にかけて DNA 配列を読み取る（図 14・6）．原理は同じで，放射性標識の代わりに 4 種のジデオキシリボヌクレオシド三リン酸 ddATP，ddCTP，ddGTP，ddTTP のそれぞれに異なった色の蛍光色素を結合しておく．鋳型 DNA，プライマー，dATP，dCTP，dGTP，dTTP，蛍光色素付き ddATP，

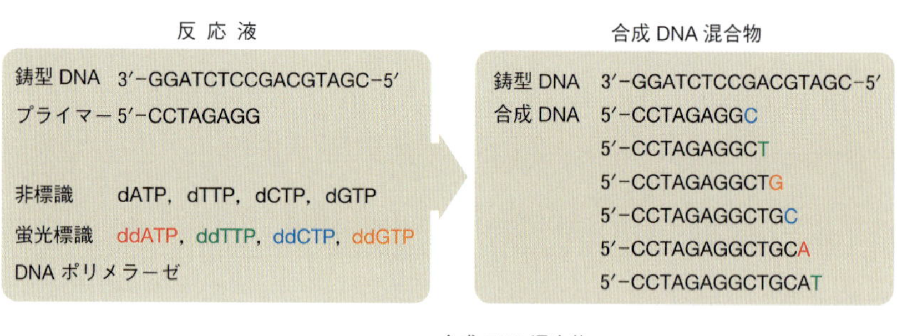

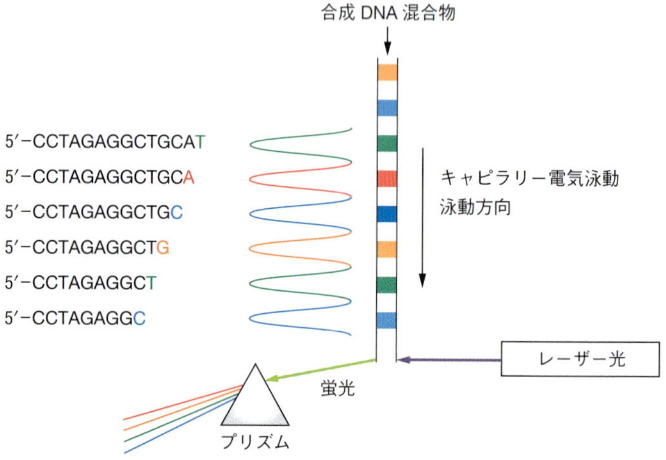

図 14・6　シークエンサー（自動読み取り装置）を用いた **DNA** 塩基配列決定

ddCTP，ddGTP，ddTTP，それにDNAポリメラーゼを混合して反応させる．すると，プライマーから伸長反応が起こるが，1000分の1の確率でddNTPが取込まれて，伸長反応が停止する．合成DNA混合物のキャピラリー電気泳動を行うと，短いDNAから順にキャピラリーの末端から出てくる．レーザーを照射して蛍光の色を分析すると，出てきたDNA断片の末端にどのジデオキシリボヌクレオチドが結合しているかがわかる．短いDNAから順に蛍光強度を測定して，装置が自動的にDNA塩基配列の解読を行う．図では5′側からCTGCATと読み取られる．

演習問題

14・1 以下の遺伝子解析法の（a）方法と（b）わかること，を説明しなさい．

1）サザンブロット法
2）ノーザンブロット法
3）ウェスタンブロット法
4）*in situ* ハイブリッド形成法

14・2 放射性同位体を用いたサンガー法の配列決定原理を説明しなさい．

14・3 ゲノムDNAを制限酵素で切断後，アガロースゲル電気泳動，サザンブロット法で分析した．数字はDNA断片の長さ(kbp)を表している．プローブは標的とするDNAの一部をクローニングしたもので，長さは1 kbp，真ん中に*Eco*RI認識部位がある．このことを利用してその周辺の制限酵素認識部位の位置を推定しなさい．

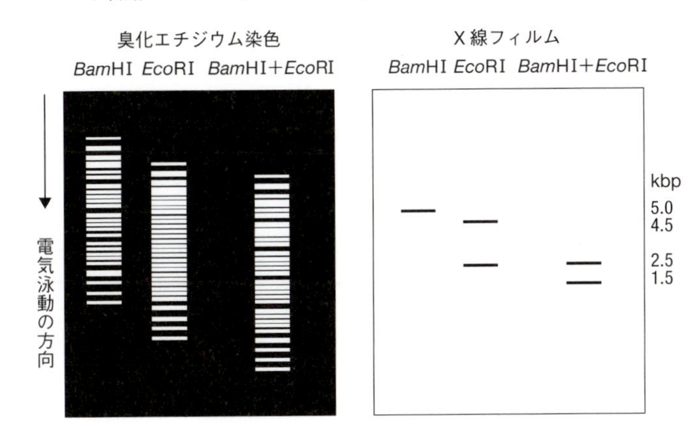

プローブが結合するDNA断片だけがサザンブロット法で検出される．プローブDNAに対して，どのような位置に制限酵素の認識部位があるか．

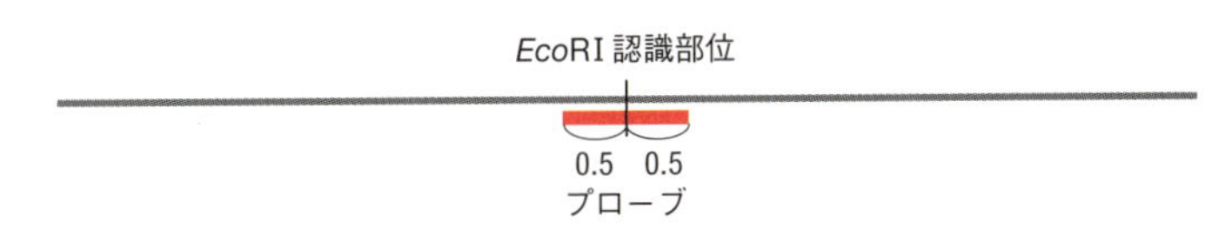

15 酵母の遺伝子工学

概要 この最後の章では酵母（出芽酵母）を使った遺伝子操作についてふれる．酵母では大腸菌とは大分異なる遺伝子操作が行われる．酵母ではベクターと染色体との組換えを用いた遺伝子操作が中心となる．組換えの考え方，使用するマーカー，さらにポジティブスクリーニングの考え方などは，高等生物での遺伝子操作を理解するうえで役に立つ．

重要語句 ARS，YAC ベクター，ウラシルマーカー，スクリーニング，ポジティブスクリーニング，5-FOA，染色体組込み型ベクター，遺伝子破壊法，遺伝子置換法

行動目標
1. ウラシルマーカーと 5-FOA の関係を説明できる．
2. 酵母ベクターを用いた遺伝子操作を説明できる．

15・1 酵母の遺伝子操作ベクター

酵母では，プラスミドのほかに染色体組込み型のベクターを含む各種ベクターが用いられる（表 15・1）．

1) **YIp**（yeast integrative plasmid）　**染色体組込み型ベクター**．このベクターは後で詳しく説明するように相同組換えで酵母染色体に組込まれ，染色体の一部として細胞内に保持される．酵母の複製開始点をもたないので，酵母細胞中では染色体に組込まれない限り複製されないが，組込まれれば安定に維持される．大腸菌の複製開始点をもつので，大腸菌の中ではプラスミドとして取扱うことができる．ベクターの改変は大腸菌で行う．
2) **YEp**（yeast episomal plasmid）　酵母内で，染色体外の環状プラスミド（2 ミクロン DNA プラスミド）として複製する．複製開始点（2 μm Ori）をもち，細胞分裂の際にベクターを二つの娘細胞に分配する仕組み（STB）をもっているのでそれなりに安定である．
3) **YRp**（yeast replicative plasmid）　酵母での複製開始点（**ARS**，autonomously replicating sequence）をもつ染色体外 DNA 断片（直鎖状プラスミド）である．複製開始点をもつ DNA 断片は細胞内で複製される．しかし，娘細胞への分配機構をもたないため不安定で，宿主細胞からやがて失われる．

4) **YCp** (yeast centromeric plasmid) YRp にセントロメア(CEN)を組込んだプラスミドで，ARS で複製し，セントロメアで娘細胞に分配される．ただしテロメアをもたないため，プラスミドは複製によってだんだんと短くなり失われる．

5) **YLp** (yeast linear plasmid) YCp にさらにテロメアを組込んだプラスミドである．ARS で複製され，セントロメアで娘細胞に分配され，末端はテロメアで維持される．染色体のすべての機能をもっているので，酵母人工染色体 (yeast artificial chromosome)，略して **YAC ベクター**とよばれる．YAC ベクターは大腸菌ベクターと比べて長い DNA 断片を組込むことが可能である．

表 15・1 酵母の各種ベクター

ベクター	複製機構	分配機構	コピー数	安定性	存在状態
YIp	な し	な し	1	安 定	染色体組込み
YEp	2 μmOri	STB	～50	やや安定	プラスミド
YRp	ARS	な し	～50	不安定	プラスミド
YCp	ARS	CEN	1	やや安定	プラスミド
YLp	ARS	CEN	1	安定(テロメアをもつ)	プラスミド

ARS: 複製開始点．STB: 2 μmDNA プラスミド中の配列．プラスミド上の REP1，REP2 が作用してプラスミドの分配を制御する．CEN: セントロメア．細胞分裂のとき，紡錘糸が結合する部位．コピー数: 1 細胞中のベクター分子数．

15・2 酵母の選択マーカー

酵母の生育を阻害するよい抗生物質がないため，栄養要求性に関わる遺伝子がベクターの選択マーカーとして用いられる．野生型酵母が生育できる必要最少限の栄養素を含む培地を**最少培地**という．最少培地で酵母を培養すると，野生型酵母は生育するが，アミノ酸や核酸など生育に必須の成分を合成する遺伝子に変異が入った株は生育できない．これを**栄養要求株**とよぶ．表 15・2 に，それぞれの株の遺伝子

表 15・2 酵母の栄養要求株とマーカー遺伝子

栄養要求株	表 現 型	マーカー遺伝子
ura3 株	ウラシル要求性	*URA3*
trp1 株	トリプトファン要求性	*TRP1*
leu2 株	ロイシン要求性	*LEU2*
his3 株	ヒスチジン要求性	*HIS3*

型と表現型，その株を宿主として利用するときのマーカー遺伝子（野生型遺伝子）をまとめてある．たとえば，**ウラシルマーカー**として *URA3* 遺伝子が用いられる．*URA3* 遺伝子を欠損した酵母 *ura3* 株はウラシル要求性で，最少培地では生育できない．クローニングにより *URA3* マーカー遺伝子をもつようになった *ura3* 株は，最少培地で生育するようになる．ほかにもアミノ酸合成系遺伝子の変異株を宿主として用いて，その野生型遺伝子をマーカー遺伝子として用いる．なお，酵母の遺伝子表記では，野生型の遺伝子名を三文字とも大文字にする．

15・3 ポジティブスクリーニング

スクリーンは網や篩（ふるい）のことで，いるものといらないものをより分ける操作を**スクリーニング**という．プラスミドにマーカーを入れて，プラスミドをもつ細胞だけを選び出すのもスクリーニングである．たとえば，*URA3* 遺伝子マーカーをもつクローンは最少培地で選び出すことができる．生育したものをポジティブ（陽性）と表現して，生育したクローンを選び出す方法を**ポジティブスクリーニング**という．

ところで，どうしたら野生型の酵母の中からウラシル要求株を選び出せるだろうか．一般に栄養要求株は，その栄養素を含まない培地でネガティブスクリーニングする．すなわち，その栄養素を含まない培地で“生育できない”株を選択する．変異を誘発するため試薬や紫外線などで処理した後，ウラシルを含む培地でコロニーを生育させる．そして，それらを最少培地にレプリカして，“生育しなかった”クローンがウラシル要求株である．一つの *ura3* 株を得るためには，数千個のコロニーを調べなければならない．

しかし実は，*URA3* 遺伝子は欠損株もポジティブスクリーニングできるという点で非常に便利なマーカー遺伝子である．表 15・3 には *ura3* 株と野生株の異なる培地での生育をまとめてある．野生株はウラシルがある培地でもない培地でも生育できる．一方ウラシル要求性の *ura3* 株はウラシルがある培地では生育できるが，最少培地では生育できない．ウラシルに加えて **5-FOA**（5-フルオロオロト酸）を加えた培地ではどうなるだろうか．オロト酸はピリミジン合成の前駆体で，5-FOA はオロト酸がフッ素で修飾されている．5-FOA はオロト酸と構造が似ているために，ウラシル合成系に取込まれるが，正常な機能をもたないため細胞は死んでしまう．つまりウラシル合成系をもつ野生株は 5-FOA を含む培地では 5-FOA を取込んで死んでしまう．一方，*ura3* 株は 5-FOA を取込むことはなく，ウラシルが培地にあればウラシルを取込んで生育できる．すなわち，ウラシルと 5-FOA を含む培地では，野生株は死滅するが *ura3* 株は生育するので，*ura3* 株をポジティブにスクリーニングすることができる．つまり，*URA3* 遺伝子は野生型も変異型も，その両方がポジティブスクリーニングできるという便利な特徴をもっている．

表 15・3　ウラシルと 5-FOA を含む培地での *ura3* 株と野生株の生育
（−：生育せず，＋：生育する）

	最少培地	ウラシルを含む	5-FOAとウラシルを含む
ura3	−	＋	＋
野生株	＋	＋	−

15・4　染色体組込み型ベクター

酵母ではベクターを染色体に組込んで細胞内に維持する．図 15・1 は酵母の染色体組込み型ベクターである．このベクターを用いて，cDNA を酵母染色体に組込んで発現させれば，その遺伝子の酵母細胞内での機能を調べることができる．amp^r と tc^r はそれぞれアンピシリン耐性遺伝子とテトラサイクリン耐性遺伝子で，このベクターを大腸菌で遺伝子操作するときのマーカーである．*URA3* は酵母でのマーカーである．宿主の *ura3* 変異株の *ura3* 遺伝子領域には変異が入っている．ベクター上の *URA3* 遺伝子と酵母染色体上の *ura3* 遺伝子は配列が同じなので，どの場所でも相同組換えが起こる．いま，変異箇所の後ろの相同領域で組換えが起こったとすると，ベクターは図のように染色体につなぎ込まれる．その結果，*ura3*(a′b)-

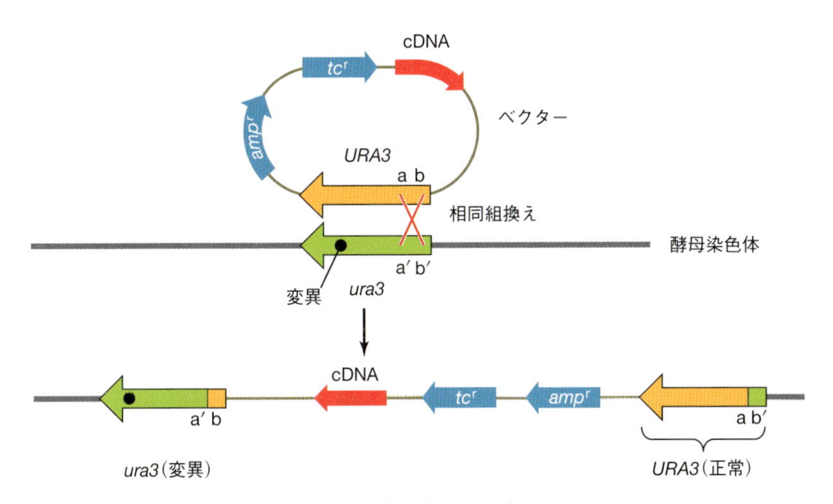

図 15・1　酵母染色体組込み型ベクター

cDNA-*tc*^r-*amp*^r-*URA3*(ab′)の順で染色体に配置されることになる．*URA3* が染色体に取込まれて維持されるので，この株は最少培地でコロニーとして選択される．この株には cDNA が組込まれ，染色体に維持されるので，cDNA の機能を調べることができる．

15・5 遺伝子破壊法

遺伝子を破壊することで，その遺伝子がどのような機能をもっているかを調べることができる．図 15・2 は酵母での遺伝子破壊を示している．

① 遺伝子破壊用のベクターに，大腸菌で標的遺伝子をクローニングする．
② 大腸菌を宿主とした遺伝子操作で標的遺伝子の 5′ と 3′ の両末端を除去する．
③ 酵母 *leu2* 株（ロイシン要求株）を形質転換すると，酵母染色体上の正常遺伝子との相同組換えを起こす．

組換えを起こしてできた遺伝子は 3′ 末端か 5′ 末端が欠損して，両方とも機能しない遺伝子となる．この染色体にはマーカーとして *LEU2* 遺伝子が組込まれているので，ベクターの組込みが起こった株のみが最少培地で選択される．ただしこの株は，最少培地で培養し続けないと，逆の方向の組換えでもとの正常遺伝子に戻って

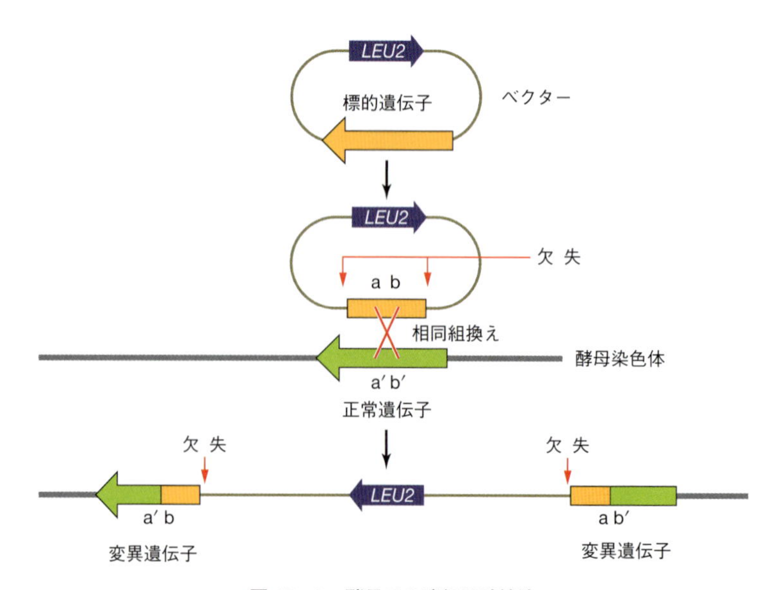

図 15・2 酵母での遺伝子破壊法

しまう.

15・6　2回組換えの遺伝子破壊法

§15・5の方法での遺伝子破壊株は，栄養培地で培養すると正常遺伝子に戻ってしまう可能性があった．それを防ぐために組換えを2回行う方法がある（図15・3）．

① 遺伝子破壊用のベクターに，大腸菌で標的遺伝子をクローニングする.

② 標的遺伝子の真ん中に*LEU2*遺伝子を組込むことで遺伝子を破壊する．この操作も大腸菌を宿主として行う.

③ 酵母を形質転換すると，ベクターの*LEU2*遺伝子の前の標的遺伝子配列部分で酵母染色体の正常遺伝子との組換えが起こる．すると，染色体上には正常標的遺伝子(a′b′c′d)-*URA3*-ab-*LEU2*-cd′の順で組込まれる.

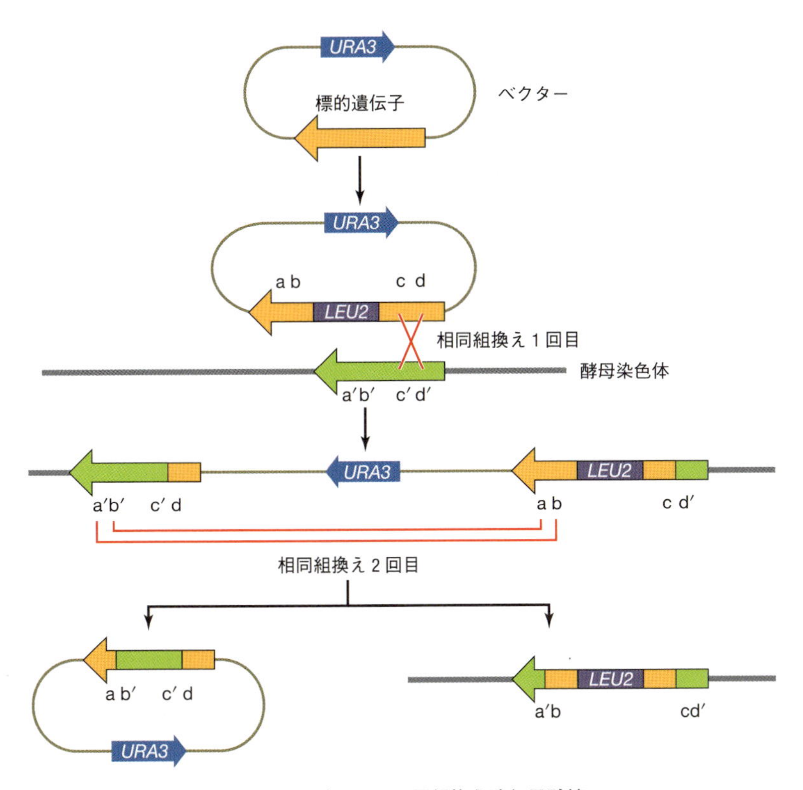

図15・3　酵母での2回組換え遺伝子破壊

④ 2回目の組換えが起こると，正常遺伝子(ab′c′d)-*URA3* が環状につながってベクターが切出されることになる．染色体には *LEU2* によって破壊された標的遺伝子が残される．

⑤ ウラシルと5-FOAを含む培地（ロイシンは含まない）で培養すると，ロイシン合成ができ，ウラシルは合成できない株が選択される．

選択された株の染色体には *LEU2* をもった遺伝子があり（したがって遺伝子は破壊されている），ベクターを消失した株が選択される．染色体上の相同配列はなくなっているので，栄養培地で培養しても破壊された遺伝子が正常遺伝子に戻ることはない．

15・7 遺伝子置換法

部位特異的にアミノ酸変異を導入した変異型遺伝子で，酵母染色体上の正常遺伝子を置換することもできる（図15・4）．

① *URA3* マーカーをもつ遺伝子置換用のベクターに，大腸菌で標的遺伝子をクローニングする．標的遺伝子には変異を導入してある．

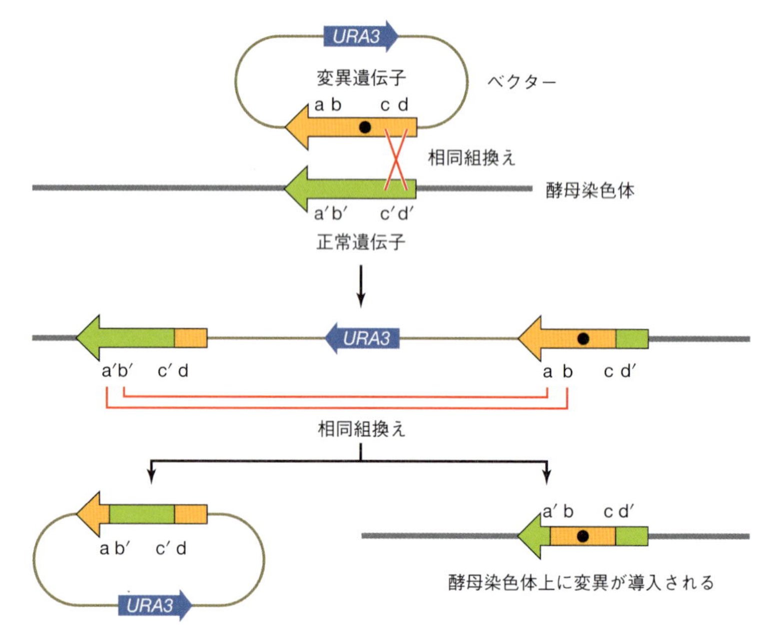

図15・4　酵母ゲノム遺伝子置換法

② 酵母 *ura3* 株を形質転換すると，染色体上の正常遺伝子とベクターの変異遺伝子が相同組換えを起こす．ベクターがつなぎ込まれ，正常遺伝子(a′b′c′d)–*URA3*–変異遺伝子(abcd′) が並ぶことになる．この株は最少培地で選択できる．

③ 2 度目の組換えが a′b′ と ab の間で起こると，正常遺伝子(ab′c′d)–*URA3* が環状に切出され，酵母染色体には変異型遺伝子(a′bcd′) が残る．

④ ウラシルと 5-FOA を含む培地で培養すると，*URA3* 遺伝子を失った株が得られる．

演習問題

15・1 酵母のウラシルマーカーと 5-FOA の関係を説明しなさい．

15・2 酵母の染色体組込み型ベクターを説明しなさい．

15・3 酵母の 2 回組換え型遺伝子破壊を説明しなさい．

15・4 酵母の遺伝子置換法を説明しなさい．

参 考 図 書

1) D.Voet ほか著，田宮信雄ほか訳，“ヴォート基礎生化学 第5版”，東京化学同人(2017).
2) B.Alberts ほか著，中村桂子・松原謙一 監訳，“エッセンシャル細胞生物学 原書第4版”，南江堂(2016).
3) J.D.Watson ほか著，中村桂子 監訳，“ワトソン遺伝子の分子生物学 第7版”，東京電機大学出版局(2017).
4) 田村隆明・村松正實 著，“基礎分子生物学 第4版”，東京化学同人(2016).
5) 野島 博 著，“遺伝子工学—基礎から応用まで”，東京化学同人(2013).

演習問題 答案用紙

提 出 日　　　　　　年　　月　　日

学生証番号

氏　　名 ____________________

2. 遺伝子工学の遺伝学的基礎

2・1 dATPを全原子で描きなさい．塩基は省略して文字（AGCT）で記載してよい．水素は省略してもよいが，省略方法に注意（線の末端は炭素を意味する）．重要な構造の単位，部分，結合を記入する．

2・2 DNA 4塩基対（全部で8ヌクレオチド）を全原子で描きなさい．注意点は問題2・1と同じ．二本鎖の5′→3′の方向に注意．

2・3 生化学や分子遺伝学の教科書，参考書を参考にして以下の説明をしなさい．

1）DNA の複製に関して，以下のキーワードをすべて使って説明しなさい．

ヘリカーゼ，プライマーゼ，DNA ポリメラーゼ，5′，3′，ラギング鎖，
リーディング鎖，レプリソーム，OriC，Ter，ARS，テロメラーゼ

2）大腸菌 *lac* オペロンの転写に関して，下のキーワードをすべて使って説明しなさい．

プロモーター，オペレーター，リプレッサー，RNA ポリメラーゼ，5′，3′

演習問題 答案用紙

2. 遺伝子工学の遺伝学的基礎

（つづき）

提 出 日　　　　年　月　日

学生証番号

氏　　名

3）大腸菌翻訳機構に関して，下のキーワードをすべて使って説明しなさい．

シャイン・ダルガーノ配列，リボソーム小サブユニット，開始コドン，開始 tRNA，A 部位，P 部位，E 部位，アミノアシル tRNA 合成酵素，コドン，アンチコドン，mRNA，5′，3′，N 末端，C 末端

2・4　次の mRNA の塩基配列をアミノ酸配列に翻訳しなさい．

AUGGCUACCAAGGUAGCUUGGCCAAGGUAA

演習問題 答案用紙

提 出 日　　　　年　月　日

3. 遺伝子工学の道具：制限酵素とメチル化酵素

学生証番号

氏　　名 ______________________

3・1 制限酵素の切断末端の構造に基づく三つのタイプを説明しなさい．

3・2 以下の配列はどのような6塩基認識の酵素でどのように切断されるか，図3・3にならって描きなさい．まず配列を二本鎖として描き，それに5′，3′，切断位置を記入し，切断酵素名，切断後の二本鎖配列を描きなさい．認識配列をインターネットで検索にかけると，その配列を切断する酵素と切断する位置を探し出すことができる．

1）5′-GAATTC，2）5′-AAGCTT，3）5′-CCCGGG，4）5′-CTGCAG，
5）5′-TCTAGA

3・3　8 塩基認識の制限酵素の切断頻度を計算しなさい．

3・4　制限酵素 *Mbo* I は GATC の G の前で切断する制限酵素である．*Mbo* I はたとえば次のメチル化によって切断を阻害される（ここで Å はメチル化されるアデニンを表す）．*Dam*（GÅTC），M. *Taq* I（TCGÅTC），M. *Ban* Ⅲ（ATCGÅTC），M. *Mbo* Ⅱ（GAAGÅTC）．次の DNA メチラーゼでメチル化したそれぞれの配列は *Mbo* I で切断されるかどうかを答えなさい．メチル化される塩基には Å のように文字の上に○印をつけ，切断される位置に↓の印をつけなさい．切断されない場合は配列の後に×をつけなさい．

1）*Taq* I メチラーゼ(TCGÅ)：

TCGATC，TGGATC，TCGATT，ATGGATC，ATCGATC

2）*Cla* I メチラーゼ(ATCGÅT)：

ATCGATC，ATGGATC，ATGGATG，CTCGATC，CATCGATC

演習問題 答案用紙

提 出 日 年 月 日

学生証番号

4. 遺伝子工学の道具：さまざまな酵素

氏 名 ____________________

4・1 エンドヌクレアーゼとエキソヌクレアーゼについて説明しなさい.

4・2 おもなヌクレアーゼの機能を説明しなさい.

4・3 ATP を含む溶液で次の DNA に DNA リガーゼを作用させるとどうなるか.

(a) 相補的粘着末端 DNA

(b) アルカリホスファターゼ処理した平滑末端 DNA

(c) ニックの入った DNA

4・4 DNA ポリメラーゼの三つの活性を説明しなさい.

演習問題 答案用紙

提 出 日 年 月 日

学生証番号

氏 名

4. 遺伝子工学の道具：さまざまな酵素

（つづき）

4・5 DNA 複製の様子を全原子で次のように描きなさい．塩基は AGCT の文字でよい．そのほかの描き方の注意は第 2 章の演習を参照すること．

(a) DNA 4 塩基対 8 ヌクレオチドから 2 ヌクレオチドを除去した構造を全原子表記で描く．どのヌクレオチドを除去するかをよく考えること．最初に重合するデオキシリボヌクレオシド三リン酸も全原子表記で描く．

(b) 4 塩基対 8 ヌクレオチドから 2 ヌクレオチドを除去した構造に，最初に重合するヌクレオチドが付加した結果を全原子表記で描く．それに次に重合するデオキシリボヌクレオシド三リン酸を全原子表記で描く．

(c) 4 塩基対 8 ヌクレオチドから 2 ヌクレオチドを除去した構造にヌクレオチドが二つ付加した構造を全原子表記で描く．

演習問題 答案用紙

提 出 日　　　　年　　月　　日

5. 遺伝子工学の道具：プラスミドベクター

学生証番号

氏　　名

5・1　閉環状 DNA，開環状 DNA，直鎖状 DNA を説明しなさい．

5・2　pUC プラスミドの構造を書きなさい．

5・3 pUC プラスミドの遺伝子と遺伝因子の説明をしなさい.

5・4 以下のような試薬の組合わせとプラスミドの有無でできる大腸菌コロニーの色を白または青で記入しなさい. コロニーができない場合は－の記号を記入しなさい. ただし, 宿主大腸菌は *lacI* 遺伝子と *lacZΔM15* 遺伝子をもち ω ペプチドを生産している. pUC プラスミドは amp^r 遺伝子と *lacI*, *lacZ′* 遺伝子をもち, *lacZ′* 遺伝子の 5′ 末端には MCS（多重クローニング部位）がある. DNA 断片はここにクローニングされた.

プラスミドの有無	アンピシリンの有無	IPTG なし		IPTG あり	
		X-gal なし	X-gal あり	X-gal なし	X-gal あり
プラスミドなし	な し				
	あ り				
pUC（DNA 断片なし）を保持	な し				
	あ り				
MCS に DNA 断片が結合した pUC を保持	な し				
	あ り				

演習問題 答案用紙

提 出 日　　　　年　　月　　日

6. 遺伝子工学の道具: M13 ファージと λ ファージ

学生証番号

氏　　名 ____________________

6・1 M13 ファージと λ ファージのプラークを説明せよ.

6・2 M13 ファージと λ ファージの共通点を 5 個あげよ.

6・3 M13 ファージとλファージの相違点を 10 個あげよ.

演習問題 答案用紙

提 出 日　　　　年　　月　　日

7. 遺伝子工学の道具:
λファージベクターと複合ベクター

学生証番号

氏　　名 ____________________

7・1　pfu，cfu，MOI は何の略か．またその意味を説明せよ．

7・2　ヘルパーファージ M13KO7 を用いたファージミド pUC119 のパッケージングを説明しなさい．

7・3 λZAPⅡの *in vivo* 切出しを説明しなさい.

演習問題 答案用紙

提 出 日 年 月 日

学生証番号

氏 名

8. 大腸菌の取扱い

8・1 JM109の遺伝子型を説明しなさい.

8・2 画線培養，塗布培養，格子培養，レプリカ法はどのような場合にどのような目的で用いるか説明しなさい．

演習問題 答案用紙

提 出 日　　　　年　月　日

9. 大腸菌の形質転換と効率のよいライゲーション

学生証番号

氏　　名

9・1　大腸菌の二つの形質転換法を説明しなさい．

9・2　10 pg（ピコグラム）の DNA で大腸菌を形質転換したところ，10,000 個のアンピシリン耐性コロニーが現れた．このときの形質転換効率はいくつか．

9・3　3 kbp のプラスミドと 6 kbp の外来 DNA をリガーゼで結合するとき，それぞれの適切な濃度はどれくらいか.

9・4　ベクターに外来 DNA を結合するとき，ライゲーション効率を上げるためにどのような方法があり，なぜ効率が上がるのか説明しなさい.

演習問題 答案用紙

提 出 日　　　　年　月　日

学生証番号

氏　　名

10. PCR

10・1　次の方法を説明しなさい.

(a) 定量 PCR (Q-PCR)

(b) T ベクター

(c) ネステッド PCR

(d) インバース PCR

10・2 次の配列は何種類の DNA 配列の混合物か．N と Y は表 2・2 参照．

(a) GG(A/T)(A/T/G/C)CT

(b) ATNGCYS

演習問題 答案用紙

提 出 日　　　　年　　月　　日

学生証番号

氏　　名

11. ライブラリー作製

11・1 ゲノムライブラリーの作製法を説明しなさい.

11・2 cDNA ライブラリーの作製法を説明しなさい.

11・3 ゲノムライブラリーと cDNA ライブラリーの違いを比較してまとめなさい.

11・4 コロニーハイブリッド形成法を説明しなさい.

演習問題 答案用紙

提 出 日　　　　年　月　日

学生証番号

氏　　名

12. ハイブリッド形成法

12・1　次の T_m を計算しなさい．

1）NaCl 1.0 M，%G＋%C＝50%，%FA＝0%，DNA の長さ 100 塩基

2）NaCl 0.1 M，%G＋%C＝40%，%FA＝20%，DNA の長さ 50 塩基

3）次の配列 TAATTCCCCGGGCCG

12・2　非放射性標識プローブを用いた発色法を説明しなさい．

12・3　非放射性標識プローブを用いた発光法を説明しなさい（分子構造を書く必要はない）.

12・4　長い DNA の ^{32}P 標識方法を名称とともに二つ説明しなさい（図を書く必要はない）.

12・5　短い DNA の ^{32}P 標識方法を一つ説明しなさい（図を書く必要はない）.

演習問題 答案用紙

提 出 日　　　　年　　月　　日

学生証番号

氏　　名

13. さまざまなクローン検出法

13・1　ウェスタン法を説明しなさい．

13・2　酵母ツーハイブリッド法について説明しなさい．

13・3 アミノ酸配列 MNWHF に基づいて DNA プローブを設計しなさい．また，この DNA プローブには何種類の DNA 配列が含まれているか答えなさい．

演習問題 答案用紙

提 出 日　　　　　年　　月　　日

学生証番号

氏　　名

14. 遺伝子解析法

14・1 以下の遺伝子解析法の（a）方法と（b）わかること，を説明しなさい．

1）サザンブロット法　　3）ウェスタンブロット法

2）ノーザンブロット法　　4）*in situ* ハイブリッド形成法

14・2　放射性同位体を用いたサンガー法の配列決定原理を説明しなさい．

14・3　ゲノム DNA を制限酵素で切断後，アガロースゲル電気泳動，サザンブロット法で分析した．数字は DNA 断片の長さ(kbp)を表している．プローブは標的とする DNA の一部をクローニングしたもので，長さは 1 kbp，真ん中に *Eco*RI 認識部位がある．このことを利用してその周辺の制限酵素認識部位の位置を推定しなさい．

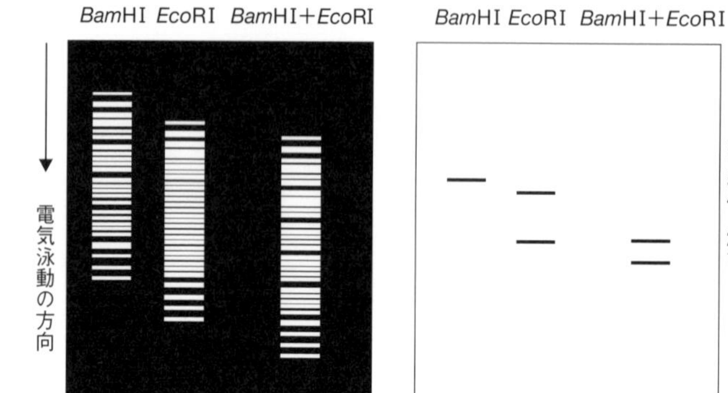

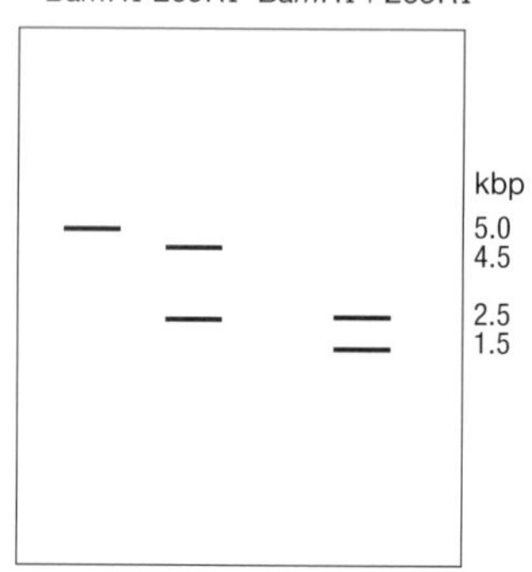

プローブが結合する DNA 断片だけがサザンブロット法で検出される．プローブ DNA に対して，どのような位置に制限酵素の認識部位があるか．

*Eco*RI 認識部位

0.5　0.5

プローブ

演習問題 答案用紙

提 出 日　　　　　年　　月　　日

学生証番号

氏　　名

15. 酵母の遺伝子工学

15・1 酵母のウラシルマーカーと 5-FOA の関係を説明しなさい.

15・2 酵母の染色体組込み型ベクターを説明しなさい.

15・3　酵母の2回組換え型遺伝子破壊を説明しなさい.

15・4　酵母の遺伝子置換法を説明しなさい.

索　　引

か〜く

け，こ

さ

し

す〜そ

た〜つ

て，と

な　行

は，ひ

ふ

へ，ほ

ま 行

や 行

ら

り～わ

講義ビデオダウンロードの手順・注意事項

［ダウンロードの手順］

1）パソコンで東京化学同人のホームページにアクセスし，書名検索などにより“基礎講義 遺伝子工学Ｉ”の画面を表示させる．

2）画面最後尾の 講義ビデオダウンロード をクリックすると下の画面（Windows での一例）が表示されるので，ユーザー名およびパスワードを入力する．（本書購入者本人以外は使用できません．図書館での利用は館内での閲覧に限ります）

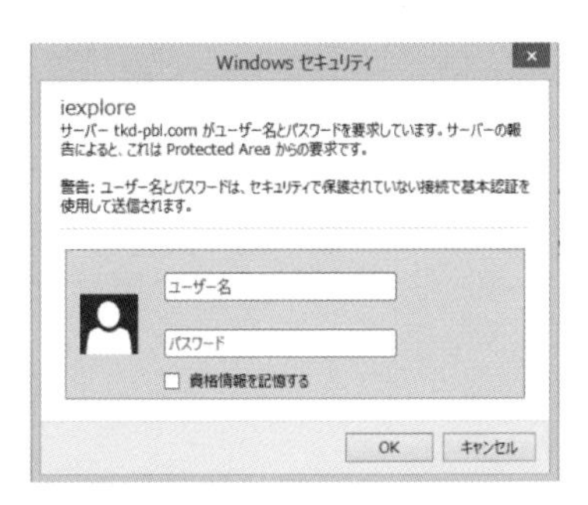

ユーザー名・パスワード入力画面の例

ユーザー名：**IDENSHIvideo1**
パスワード：**YAMAGISHI**

［保存］を選択すると，
ダウンロードが始まる．

※ ファイルは ZIP 形式で圧縮されています．解凍ソフトで解凍のうえ，ご利用ください．

［必要な動作環境］

データのダウンロードおよび再生には，下記の動作環境が必要です．この動作環境を満たしていないパソコンでは正常にダウンロードおよび再生ができない場合がありますので，ご了承ください．

OS：Microsoft Windows 7/8/8.1/10，Mac OS X 10.10/10.11/10.12
（日本語版サービスパックなどは最新版）
推奨ブラウザ：Microsoft Internet Explorer，Safari など
コンテンツ再生：Microsoft Windows Media Player 12，Quick Time Player 7 など

［データ利用上の注意］

・本データのダウンロードおよび再生に起因して使用者に直接または間接的障害が生じても株式会社東京化学同人はいかなる責任も負わず，一切の賠償などは行わないものとします．
・本データの全権利は権利者が保有しています．本データのいかなる部分についても，フォトコピー，データバンクへの取込みを含む一切の電子的，機械的複製および配布，送信を，書面による許可なしに行うことはできません．許可を求める場合は，東京化学同人（東京都文京区千石 3-36-7，info@tkd-pbl.com）にご連絡ください．

山岸明彦（やまぎし あきひこ）
1953年 福井県に生まれる
1981年 東京大学大学院理学系研究科博士課程 修了
東京薬科大学名誉教授
専門 生化学，分子生物学，微生物学
理学博士

第1版 第1刷 2017年9月15日発行
第2刷 2023年6月15日発行

基礎講義 遺伝子工学 I
—アクティブラーニングにも対応—

著　者　山岸明彦
発行者　石田勝彦
発　行　株式会社 東京化学同人
東京都文京区千石3-36-7（〒112-0011）
電話 03-3946-5311・FAX 03-3946-5317
URL: https://www.tkd-pbl.com/

印刷・製本　日本ハイコム株式会社

ISBN978-4-8079-0926-1
Printed in Japan